José Lara Ruiz

MANUAL DOS POLINIZADORES DAS ORQUÍDEAS IBÉRICAS

José Lara Ruiz

MANUAL DOS POLINIZADORES DAS ORQUÍDEAS IBÉRICAS

Polinizadores de orquídeas

ScienciaScripts

Imprint

Cover image: www.ingimage.com

This book is a translation from the original published under ISBN 978-613-9-41123-8.

Publisher:
Sciencia Scripts
is a trademark of
Dodo Books Indian Ocean Ltd. and OmniScriptum S.R.L publishing group

120 High Road, East Finchley, London, N2 9ED, United Kingdom
Str. Armeneasca 28/1, office 1, Chisinau MD-2012, Republic of Moldova, Europe
Printed at: see last page
ISBN: 978-620-8-23802-5

Índice

Resumo: Esta lista preliminar apresenta as espécies de polinizadores das Orchidaceae ibéricas.

Palavras-chave: Orchidaceae, polinizadores, lista preliminar, Península Ibérica.

Resumo: Esta lista preliminar apresenta as espécies de polliadores das Orchidaceae da Península Ibérica.

Palavras-chave: Orchidaceae, polinizadores, lista preliminar, península ibérica.

INTRODUÇÃO

Atualmente, a família Orchidaceae tem 30.517 espécies, 1.451 híbridos e 1.666 taxa infra-específicos aceites (World Plants: Orchid List).

As formas como as orquídeas atraem os polinizadores são
podem ser agrupadas em 3 grupos: 1) oferta de alimento (néctar) (Nilsson, 1983), 2) engano visual (espécies que fingem ser nectaríferas) (Scaccabarozzi et al., 2018) e 3) engano sexual (Peakall, 1990). A estes deve ser acrescentada a procura de locais de nidificação no caso de espécies do género *Serapias* (Vereckeen et al., 2012). Isto é válido para as orquídeas euro-mediterrânicas.

Os polinizadores foram incluídos na base de dados para uma dada espécie de orquídea se tivessem sido observados a remover ou a depositar pólen ou se o vetor transportasse polinizadores identificáveis numa posição corporal consistente com a mecânica de remoção e deposição de pólen, uma circunstância que se aplica principalmente a espécies polinizadas por abelhas euglossinas (Dressler, 1976).

O objetivo deste trabalho é compilar uma lista preliminar de polinizadores de orquídeas ibéricas como base para um trabalho posterior mais abrangente.

DISTRIBUIÇÃO BIOGEOGRÁFICA DAS ORQUÍDEAS

(As ilhas do Pacífico e a Antárctida foram excluídas devido ao seu reduzido número de

espécies) RegiãoNúmero de espécies estimado

Europa	592
África	2855
Ásia temperada	2020
Ásia tropical	9419
Australásia	1582
América do Norte	209
América do Sul e México	14700

Fontes: POWO e North American Orchid Conservation Center menos as espécies havaianas e não indígenas (https://goorchids.northamericanorchidcenter.org

MATERIAL E MÉTODOS

As cargas polínicas dos espécimes da coleção privada do autor e os inventários de mais de 40 anos de trabalho de campo foram estudados para este trabalho.

RESULTADOS

LISTA DAS ESPÉCIES DE ORQUIDÁCEAS IBÉRICAS

Anacamptis collina (Banks & Sol. ex Russel) R.M. Bateman, Pridgeon & M.W. Chase 1997. Chase 1997
Polinizadas por abelhas de língua comprida. Mecanismo de atração: engano.
Abelhas de língua comprida: **Apidae**: Apis mellifera, Eucera longicornis

Anacamptis coriophora R.M. Bateman, Pridgeon & M.W. Chase 1997 subsp. *coriophora*
Polinizada por abelhas de língua longa (Apidae, Megahilidae), abelhas de língua curta (Halictidae), vespas (Spheidae, Vespidae), moscas (Syrphidae, Stratiomyiidae, Tachinidae), traças (Zygaenidae), escaravelhos (Cantharidae, Cerambycidae) e percevejos. Planta nectarífera.
Abelhas de língua comprida: **Apidae**: Apis mellifera, Bombus humilis, Bombus pascuorum, Bombus pratorum, Bombus subterraneus, Ceratina cucurbitina, Eucera nigrescens, Nomada concolor, Xylocopa iris, Xylocopa valga; **Megachilidae**: Anthidium manicatum, Megachile lagopoda, Osmia aurulenta
Abelhas de língua curta: **Halictidae:** Halictus quadricinctus, Sphecodes gibbus; **Andrenidae**: Andrena morio.
Lygaeus equestris
Vespas: **Sphecidae**: Ammophila campestris; **Vespidae**: Polistes dominula, Vespula vulgaris.
Moscas: **Syrphidae**: Volucella bombylans; **Stratiomyidae**: Stratiomys longicornis; **Tachinidae:** Tachina fera
Traças: **Zygaenidae**: Zygaena filipendulae
Escaravelhos: **Cantharidae**: Cantharis rustica; **Cerambycidae**: Dinoptera collaris; **Oedemeridae**: Oedemera nobilis.
Percevejos: **Lygaeidae**: Lygaeus equestris

Anacamptis coriophora subsp. *fragans* (Polloini) R.M. Bateman, Pridgeon & M.W. Chase 1997 **Polinizada por abelhas de língua longa (Apidae, Megachilidae), abelhas de língua curta (Halictidae), vespas (Scoliidae, Vespidae), traças (Zygaenidae), escaravelhos (Cantharidae, Oedemeridae, Scarabeidae Cetoniinae) e percevejos (Lygaenidae).**
Abelhas de língua comprida: **Apidae**: Apis mellifera, Bombus lucorum, Bombus pratorum, Nomada concolor, Xylocopa iris, Xylocopa valga, Xylocopa violacea; **Megachilidae**: Osmia bicornis, Osmia cornuta.
Abelhas de língua curta: **Halictidae**: Halictus simplex.
Vespas: **Scoliidae**: Megascolia bidens; **Vespidae**: Vespula vulgaris. Traças: **Zygaenidae**: Zygaena filipendulae
Escaravelhos: **Cantharidae**: Ragonycha nigricollis; **Oedemeridae**: Oedemera nobilis; **Scarabaeidae (Cetoniinae):** Tropinota hirta.
Percevejos: **Lygaeidae**: Lygaeus equestris

Anacamptis laxiflora (Lam.) R.M. Bateman, Pridgeon & M.W. Chase 1997
Polinizadas por abelhas de língua comprida (Apidae)
Abelhas de língua comprida: **Apidae**: Bombus hortorum, Bombus pascuorum, Bombus terrestris

Ancamptis longicornu subsp. *linkiana* F. M. Vázquez, 2015
Polinizadas por abelhas de língua comprida (Apidae)
Abelhas de língua comprida: **Apidae**: Bombus lapidarius, Bombus pascuorum, Bombus terrestris

Anacamptis morio subsp. *champagneuxii* (Barnéoud) H. Kretzschmar & al., 2007 **Polinizada por abelhas de língua longa (Apidae, Megachilidae) e abelhas de língua curta (Andrenidae, Halictidae)**
Abelhas de língua comprida: **Apidae**: Anthophora retusa, Apis mellifera, Bombus bohemicus, Bombus confusus, Bombus hortorum, Bombus humilis, Bombus lapidarius, Bombus lucorum, Bombus muscorum, Bombus pascuorum, Bombus pratorum, Bombus ruderatus, Bombus rupestris, Bombus subterraneus, Bombus sylvarum, Bombus sylvestris, Bombus terrestris, Bombus vestalis, Eucera hungarica, Eucera longicornis, Eucera nigrescens, Eucera nigrilabris, Eucera pollinosa, Eucera seminuda, Nomada sexfasciata; **Megachilidae:** Megachile parietina, Megachile pyrenaica, Osmia aurulenta, Osmia bicornis.
Abelhas de língua curta: **Andrenidae**: Andrena albopunctata, Andrena morio, Andrena ovatula; **Halictidae:** Halictus cochlearitarsis, Halictus patellatus, Halictus quadricinctus, Lasioglossum calceatum, Lasioglossum xanthophus, Seladonia tumulorum

Ancamptis morio (L.) R.M. Bateman, Pridgeon & M.W. Chase 1997 subp. *morio*
Polinizadas por abelhas de língua longa (Apidae, Megachilidae, Melittidae), abelhas de língua curta (Andrenidae, Halictidae), borboletas (Pieridae), traças (Noctuidae, Sphingidae Zygaenidae) e escaravelhos (Scarabaeidae).
Abelhas de língua comprida: **Apidae**: Anthophora retusa, Apis mellifera, Bombus bohemicus, Bombus confusus, Bombus hortorum, Bombus humilis, Bombus lapidarius, Bombus lucorum, Bombus muscorum, Bombus pascuorum, Bombus pratorum, Bombus ruderatus, Bombus rupestris, Bombus subterraneus, Bombus sylvarum, Bombus sylvestris, Bombus terrestris, Bombus vestalis, Eucera hungarica, Eucera longicornis, Eucera nigrescens, Eucera nigrilabris, Eucera pollinosa, Eucera seminuda, Nomada sexfasciata; **Megachilidae:** Osmia aurulenta, Osmia bicornis; **Melittidae**: Dasypoda hirtipes.
Abelhas de língua curta: **Andrenidae**: Andrena albopunctata, Andrena ovatula; **Halictidae:** Halictus cochlearitarsis, Halictus patellatus, Halictus quadricinctus, Lasioglossum xanthophus
Borboletas: **Pieridae**: Anthocharis euphenoides, Pontia daplidice.
Traças: **Noctuidae**: Cucullia santolinae, Hadena luteocincta, Hadena plebeja; **Sphingidae**: Macroglossum stellatarum; **Zygaenidae:** Zygaena lonicerae Moscas: Syrphidae: Episyrphus balteatus, Sphaerophoria scripta Escaravelhos**: Scarabaeidae:** Tropinota hirta

Ancamptis palustris (Jacq.) R.M. Bateman, Pridgeon & M.W. Chase 1997 **Polinizadas por abelhas de língua longa (Apidae) e traças (Zygaenidae).** Abelhas de língua comprida: **Apidae**: Bombus muscorum, Bombus terrestris Poilillas: **Zygaenidae**: Zygaena filipendulae.

Anacamptis papilionacea (L.) R.M. Bateman, Pridgeon & M.W. Chase 1997
Polinizadas por abelhas de língua longa (Apidae, Megachilidae) e moscas (Bombyliidae).
Abelhas de língua comprida: **Apidae**: Anthophora crinipes, Anthophora retusa, Apis

mellifera, Bombus humilis, Eucera barbiventris, Eucera brachycera, Eucera caspica, Eucera hungarica, Eucera
longicornis, Eucera nigrescens, Nomada agrestis, Nomada basalis, Nomada integra, Nomada nobilis, Nomada panzeri; **Megachilidae:** Megachile parietina, Osmia aurulenta, Osmia caerulescens

Moscas: **Bombyliidae**: Bombylius major

Anacamptis pyramidalis (L.) Rich. 1817

Polinizadas por abelhas de língua comprida (Apidae), borboletas (Hesperiidae, Lycaenidae, Nymphalidae, Pieridae), traças (Arctiidae, Geometridae, Noctuidae, Spningidae, Zygaenidae), moscas (Syrphidae) e escaravelhos (Scarabaeidae).

Abelhas de língua comprida: **Apidae**: Apis mellifera, Bombus hortorum, Bombus pascuorum

Borboletas: **Hesperiidae**: Erynnis tages, Ochlodes sylvanus, Spialia sertorius, Thymelicus sylvestris; **Lycaenidae**: Glaucopsyche alexis, Lycaena phlaea, Plebejus argus, Polyomnaus bellargus, Pyrgus carthami, Pyrgus malvoides, Pyrgus sidae; **Nymphalidae**: Aglais urticae, Aphantopus hyperanthus, Argynnis adippe, Argynnis aglaja, Brenthis hecate, Brenthis ino, Coenonympha glycerion, Euphrydryas aurinia, Maniola jurtina, Melanargia galathea, Melitaea athalia, Melitaea cinxia, Melitaea didyma, Melitaea parthenoides, Melitaea phoebe; **Pieridae**: Anthocharis cardamines, Aporia crataegi, Pieris brassicae, Pieris napi

Traças: **Arctiidae:** Amata phegea; **Geometridae:** Siona lineata; **Noctuidae:** Apamea monoglypha, Cucullia calendulae, Heliothis peltigera, Mythimna sicula, Tyta luctuosa; **Sphingidae**: Hemaris fuciformis, Macroglossum stellatarum; **Zygaenidae**: Ascita geryon, Zygaena carniolica, Zygaena filipendulae, Zygaena lonicera, Zygaena loti, Zygaena purpuralis, Zygaena rhadamanthus, Zygaena trifolii, Zygaena viciae

Moscas: **Syrphidae**: Chrysotoxum bicinctum, Episyrphus balteatus, Eupeodes corollae, Sphaerophoria scripta

Escaravelhos: **Scarabaeidae:** Trichius fasciatus, Tropinosa squalida.

Anacamptis robusta (T. Stephenson) R.M. Bateman 2003

Polinizadas por abelhas de língua comprida (Apidae).

Abelhas de língua comprida: **Apidae**: Bombus lapidarius, Bombus pascuorum, Bombus terrestris.

Cephalanthera damasonium Druce 1906

Polinizadas por abelhas de língua longa (Apidae, Megachilidae), abelhas de língua curta (Halictidae, Andrenidae) e vespas (Tenthredinidae).

Abelhas de língua longa: **Apidae:** Bombus lucorum; **Megachilidae:** Megachile willughbiella.

Abelhas de língua curta: **Halictidae:** Lasioglossum malachurum; **Andrenidae:** Andrena morio. Vespas: **Tenthredinidae**: Dolerus germanicus.

Cephalanthera longifolia (L.) Fritsch 1888

Polinizadas por abelhas de língua curta (Halictidae).

Abelhas de língua curta: **Halictidae:** Halictus rubicundus, Lasioglossum laeve, Lasioglosum politum, Lasioglossum smeathmanellum,

Cephalanthera rubra (L.) Rich. 1817

Polinizadas por abelhas de língua longa (Apidae, Megachilidae), abelhas de língua curta (Halictidae) e escaravelhos (Curculionidae).

Abelhas de língua comprida: **Apidae:** Bombus pascuorum; **Megachilidae**: Chelostoma campanularum, Chelostoma distinctum, Chelostoma rapunculi, Megachile willughbiella, Osmia caerulescens Abelhas de língua comprida: **Halictidae**: Dufourea dentiventris, Lasioglossum laeve
Escaravelhos: **Curculionidae:** Miarus ursinus.

Coeloglossum viride (L.) Hartm. 1820
Polinizadas por abelhas de língua comprida (Apidae), vespas (Ichneumonidae, Tenthredinidae) e escaravelhos (Cantharidae, Elateridae, Melyridae, Staphilinidae).
Abelhas de língua comprida: **Apidae**: Apis mellifera
Vespas: **Ichneumonidae**: Ichneumon balteatus; **Tenthredinidae**: Tenthredopsis floricola.
Escaravelhos: **Cantharidae**: Cantharis rustica, Rhagonycha fulva; **Elateridae**: Cidnopus pilosus; **Melyridae**: Malachaius bipustulatus; **Staphylinidae**: Anthophagus alpinus

Corallorhiza trifida Châtel, 1760
Polinizadas por moscas (Syrphidae, Empididae, Scatophagidae), abelhas de língua curta (Andrenidae, Halictidae) e vespas (Ichneumonidae).
Moscas: **Syrphidae:** Eristalis pertinax, Syrphus ribesii**; Empididae:** Empis tessellata; **Scatophagidae**: Scatophaga stercoraria.
Abelhas de língua curta: **Andrenidae:** Andrena nigroaenea; **Halictidae:** Lasioglossum calceatum Vespas: **Ichneumonidae**: Pimpla sodalis

Cypripedium calceolus L. 1753
Polinizadas por abelhas de língua curta (Andrenidae, Colletidae, Halictidae), abelhas de língua longa (Apidae), moscas (Syrphidae, Muscidae), vespas (Tenthredinidae) e escaravelhos (Staphilinidae).
Abelhas de língua curta: **Andrenidae**: Andrena bicolor, Andrena bucephala, Andrena chrysosceles, Andrena cineraria, Andrena flavipes, Andrena florea, Andrena fucata, Andrena haemorrhoa, Andrena helvola, Andrena lapponica, Andrena limata, Andrena nigroaenea, Andrena nitida, Andrena praecox, Andrena scotica, Andrena subopaca, Andrena taraxaci, Andrena tibialis; **Colletidae**: Colletes cunicularius; **Halictidae**: Halictus rubicundus, Lasioglossum albipes, Lasioglossum bluethgeni, Lasioglossum calceatum, Lasioglossum fratellum, Lasioglossum fulvicorne, Lasioglossum laevigatum, Lasioglossum laevigatum, Lasioglossum leucozonium, Lasioglossum marginatum, Lasioglossum morio, Lasioglossum quadrinotatum, Seladonia tumulorum
Abelhas de língua comprida: **Apidae**: Apis mellifera, Bombus lapidarius, Nomada fabriciana
Moscas: **Syrphidae**: Chrysotoxum festivum, Eristalis rupium, Meliscaeva cinctella, Pipiza bimaculata, Platycheirus albimanus; **Musciadae**: Musca autumnalis
Vespas: **Tenthredinidae**: Hoplocampa crataegi Escaravelhos: **Staphylinidae**: Anthophagus alpinus

Dactyorhiza alpestris (Pugsley) Aver. 1983
Polinizadas por abelhas de língua comprida (Apidae)
Abelhas de língua comprida: **Apidae**: Apis mellifera, Bombus lapidarius, Bombus lucorum, Bombus pascuorum, Bombus pratorum, Bombus sichelii, Bombus soroeensis, Bombus terrestris

Dactylorhiza cantabrica H.A. Pedersen 2006
Polinizadas por abelhas de língua comprida (Apidae, Megachilidae)

Abelhas de língua comprida: **Apidae**: Anthophora aestivalis, Anthophora plumipes, Apis mellifera, Bombus hortorum, Bombus humilis, Bombus hypnorum, Bombus lapidarius, Bombus lucorum, Bombus muscorum, Bombus pascuorum, Bombus ruderarius, Bombus ruderatus, Bombus soroeensis, Bombus sylvarum, Bombus terrestris, Eucera hungarica, Eucera nigrescens, **Megachilidae:** Osmia bicolor, Osmia bicornis

Dactylorhiza caramulensis Verm. D. Tyteca 1989

Polinizadas por abelhas de língua comprida (Apidae), escaravelhos (Cantharidae, Cerambycidae, Oedemeridae) e moscas (Syrphidae).

Abelhas de língua comprida: **Apidae**: Bombus lapidarius, Bombus pascuorum, Bombus terrestris Escaravelhos: **Cantharidae**: Cantharis rustica; **Cerambycidae**: Alosterna tabacicolor, Anastrangalia dubia, Dinoptera collaris, Ruptela maculata, Stenurella melanura; **Oedemeridae**: Oedemera atrata, Oedemera nobilis, Oedemera podagrariae
Moscas**: Syrphidae:** Episyrphus balteatus

Dactylorhiza elata subsp. *elata*

Polinizadas por traças (Zygaenidae)

Traças: **Zygaenidae**: Zygaena filipendulae

Dactylorhiza elata (Poir.) Soó subsp. *sesquipedalis* (Willd.) Sóo 1962

Polinizadas por abelhas de língua comprida (Apidae), escaravelhos (Cerambycidae), moscas (Syrphidae, Empididae), traças (Zygaenidae) e borboletas (Pieridae).

Abelhas de língua comprida: **Apidae**: Apis mellifera, Bombus lapidarius, Bombus lucorum, Bombus pascuorum, Bombus pratorum, Bombus terrestris,
Escaravelhos: **Cerambycidae**: Leptura fulva Moscas: **Syrphidae:** Eristalis arbustorum
Traças: **Zygaenidae**: Zygaena filipendulae Borboletas**: Pieridae:** Aporia crataegi

Dactylorhiza ericetorum (Linton) Aver. 1982

Polinizadas por abelhas de língua comprida (Apidae), escaravelhos (Cantharidae, Cerambycidae, Oedemeridae) e moscas (Syrphidae, Empididae).

Abelhas de língua comprida: **Apidae**: Bombus lapidarius, Bombus terrestris
Escaravelhos: **Cantharidae**: Cantharis rustica; **Cerambycidae**: Alosterna tabacicolor, Dinoptera collaris, Ruptela maculata, Stenurella melanura; **Oedemeridae**: Oedemera nobilis, Oedemera podagrariae
Moscas**: Syrphidae:** Episyrphus balteatus; **Empididae**: Empis tessellata

Dactylorhiza fuchsii (Druce) Soó 1962

Polinizadas por abelhas de língua longa (Apidae), abelhas de língua curta (Andrenidae), escaravelhos (Cantharidae, Cerambycidae, Chrysomelidae, Dascillidae, Elateridae, Oedemeridae, Scarabaeidae), moscas (Syrphidae, Empididae) e borboletas (Nymphalidae) Abelhas de língua longa: **Apidae**: Apis mellifera, Bombus hypnorum, Bombus lapidarius, Bombus lucorum, Bombus pascuorum, Bombus pratorum, Bombus ruderatus, Bombus sylvestris, Bombus terrestris, Bombus vestalis.
Abelhas de língua curta: **Andrenidae**: Andrena fucata, Andrena helvola
Escaravelhos: **Cantharidae**: Cantharis rustica; **Cerambycidae:** Alosterna tabacicolor, Anastrangalia dubia, Anastrangalia sanguinolenta, Anoplodera sexguttata, Dinoptera collaris, Grammoptera atra, Judolia sexmaculata, Leptura aethiops, Leptura maculicornis, Pachytodes cerambyciformis, Stenurella bifasciata, Stenurella melanura, Ruptela maculata;

Chrysomelidae: Plateumaris sericea; **Dascillidae**: Dascillus cervinus; **Elateridae:** Cidnopus pilosus; **Oedemeridae**: Oedemera femorata, Oedemera podagrariae, Oedemera virescens; **Scarabaeidae (Cetoniinae):** Trichius fasciatus, Trichius zonatus.
Moscas: **Syrphidae**: Eristalis arbustorum, Eristalis horticola; **Empididae**: Empis tessellata, Rhamphomyia longipes; **Stratiomyidae**: Odontomyia hydroleon
Borboletas: **Nymphalidae**: Maniola jurtina.

Dactylorhiza incarnata (L.) Soó 1962
Polinizadas por abelhas de língua comprida (Apidae), moscas (Syrphidae, Empididae) e escaravelhos (Cantharidae, Cerambycidae, Oedemeridae).
Abelhas de língua comprida: **Apidae**: Apis mellifera, Bombus humilis, Bombus lapidarius, Bombus lucorum, Bombus pascuorum, Bombus pratorum, Bombus terrestris
Moscas: **Syrphidae:** Eristalis pertinax, Volucella bombylans, Volucella pellucens; **Empididae**: Empis tessellata, Empis vitripennis
Escaravelhos**: Cantharidae:** Cantharis rustica; **Cerambycidae:** Alosterna tabacicolor, Paracorymbia maculicornis, Pachytodes cerambyciformis, Ruptera maculata; **Oedemeridae**: Oedemera lurida, Oedemera nobilis

Dactylorhiza insularis (Sommier) O. Sánchez & Herrero 2005
Polinizadas por abelhas de língua comprida (Apidae, Megachilidae)
Abelhas de língua comprida: **Apidae**: Anthophora aestivalis, Anthophora plumipes, Apis mellifera, Bombus barbutellus, Bombus hortorum, Bombus humilis, Bombus hypnorum, Bombus lapidarius, Bombus lucorum, Bombus muscorum, Bombus pascuorum, Bombus ruderarius, Bombus ruderatus, Bombus terrestris, Bombus vestalis, Eucera nigrescens, **Megachilidae:** Osmia bicornis

Dactylorhiza irenica F.M.Vázquez 2008
Polinizadas por abelhas de língua comprida (Apidae), escaravelhos (Cantharidae, Cerambycidae, Oedemeridae), moscas (Syrphidae).
Abelhas de língua comprida: **Apidae:** Bombus lapidarius, Bombus terrestris
Escaravelhos: **Cantharidae**: Cantharis rustica; **Cerambycidae**: Alosterna tabacicolor, Clytus arietis, Dinoptera collaris, Ruptela maculata, Stenurella melanura; Oedemeridae: Chrysanthia viridissima, Oedemera nobilis, Oedemera podagrariae
Moscas: **Syrphidae**: Syrphus ribesii

Dactylorhiza maculata (L.) Soó 1962
Polinizadas por abelhas de língua longa (Apidae), abelhas de língua curta (Halictidae), escaravelhos (Cantharidae, Cerambycidae, Chrysomelidae, Dascillidae, Oedemeridae, Scarabaeidae), moscas (Syrphidae, Anthomyiidae, Empididae, Nemestrinidae, Scarophagidae), vespas (Tenthredinidae) e borboletas (Pieridae).
Abelhas de língua comprida: **Apidae**: Bombus barbutellus, Bombus hortorum, Bombus muscorum, Bombus pascuorum, Bombus terrestris
Abelhas de língua curta: **Halictidae**: Lasioglossum calceatum
Escaravelhos: **Cantharidae**: Cantharis rustica; **Cerambycidae**: Alosterna tabacicolor, Anastrangalia dubia, Anopledura sexguttata, Clytus arietis, Dinoptera collaris, Grammoptera atra, Judolia cerambyciformis, Ruptela maculata, Stenurella melanura; **Chrysomelidae**: Plateumaris bracata; **Dascillidae**: Dascillus cervinus; **Oedemeridae**: Chrysanthia viridissima, Oedemera atrata, Oedemera nobilis, Oedemera podagrariae; **Scarabaeidae**: Trichius fasciatus.

Moscas: **Syrphidae:** Eristalis arbustorum, Eristalis hortícola, Eristalis tenax, Volucella bombylans; **Anthoamyiidae**: Delia nigrescens, Hylemya variata; **Empididae**: Empis lívida, Empis pennipes, Empis tessellata; **Nemestrinidae**: Fallenia fasciata; **Scatophagidae**: Scatophaga stercoraria.
Vespas: **Tenthredinidae**: Tenthredopsis quadriforis Borboletas: **Pieridae**: Pieris napi

Dactylorhiza majalis (Rchb.) Rauschert 1965
Polinizadas por abelhas de língua longa (Apidae), abelhas de língua curta (Halictidae), escaravelhos (Elateridae) e moscas (Empididae).
Abelhas de língua comprida: **Apidae**: Apis mellifera, Bombus lucorum, Bombus pascuorum, Bombus pratorum,, Bobus ruderariu Bombus sichelii, Bombus soroeensis, Bombus terrestris, Eucera longicornis, Nomada sexfasciata
Abelhas de língua curta: **Halictidae**: Lasioglossum leucozonium Escaravelhos: **Elateridae**: Actenicerus siaelandicus
Moscas: **Empididae**: Empis tessellata

Dactylorhiza markusii (Tineo) H. Baumann e Künkele 1981
Polinizadas por abelhas de língua comprida (Apidae, Megachilidae)
Abelhas de língua comprida: **Apidae**: Anthophora aestivalis, Anthophora plumipes, Apis mellifera, Bombus hortorum, Bombus lapidarius, Bombus lucorum, Bombus muscorum, Bombus pascuorum, Bombus ruderarius, Bombus ruderatus, Bombus soroeensis, Bombus sylvarum, Bombus sylvestris, Bombus terrestris, Bombus vestalis, Eucera hungarica, Eucera nigrescens, **Megachilidae:** Osmia bicornis

Dactylorhiza romana (Sebast.) Soó, 1962
Polinizadas por abelhas de língua comprida (Apidae, Megachilidae)
Abelhas de língua comprida: **Apidae:** Anthophora aestivalis, Anthophora mucida, Anthophora plumipes, Bombus humilis, Bombus lapidarius, Bombus pascuorum, Bombus ruderatus, Bombus sylvarum, Bombus sylvestris, Bombus terrestris, Eucera hungarica, Eucera nigrescens; **Megachilidae:** Osmia bicornis

Dactylorhiza sambucina (L.) Soó 1962
Polinizadas por abelhas de língua longa (Apidae, Megachilidae), abelhas de língua curta (Andrenidae, Halictidae) e borboletas (Hesperiidae, Pieridae).
Abelhas de língua comprida: **Apidae**: Anthophora aestivalis, Anthophora mucida, Anthophora plumipes, Apis mellifera, Bombus barbutellus, Bombus bohemicus, Bombus hortorum, Bombus humilis, Bombus hypnorum, Bombus lapidarius, Bombus lucorum, Bombus muscorum, Bombus pascuorum, Bombus ruderarius, Bombus ruderatus, Bombus soroeensis, Bombus sylvarum, Bomus sylvestris, Bombus terrestris, Bombus vestalis, Eucera hungarica, Eucera nigrescens, **Megachilidae:** Osmia bicolor, Osmia bicornis
Abelhas de língua curta: **Andrenidae:** Andrena nigroaenea; **Halictidae**: Lasioglossum leucozonium Borboletas: **Hesperiidae**: Pyrgus malvae; **Pieridae**: Gonepteryx rhamni

Epipactis atrorubens (Hoffm.) Besser 1809
Polinizadas por abelhas de língua comprida (Apidae) e vespas (Vespidae)
Abelhas de língua comprida: **Apidae**: Apis mellifera, Bombus lucorum, Bombus pascuorum, Bombus pratorum, Bombus terrestris
Vespas: **Vespidae**: Delta unguicullatum, Dolichovespula saxonica, Dolichovespula

sylvestris, Odynerus spinipes

Epipactis bugacensis Robatsch, 1990 **Polinizada por vespas (Vespidae)** Vespas: **Vespidae:** Vespula vulgaris

Epipactis cardina Benito & C. E. Hermos. 1998
Polinizadas por abelhas de língua comprida (Apidae) e vespas (Vespidae).
Abelhas de língua comprida: **Apidae**: Apis mellifera, Bombus lapidarius, Bombus pascuorum, Bombus terrestris
Vespas: **Vespidae**: Polistes dominula, Vespula vulgaris

Epipactis distans Arv.-Touv. 1872
Polinizadas por abelhas de língua longa (Apidae) e vespas (Vespidae). Abelhas de língua comprida: **Apidae**: Apis mellifera, Bombus terrestris Vespas: **Vespidae**: Vespula vulgaris.

Epipactis duriensis Bernardos, T. Tyteca, Revuelta & Amich 2004
Polinizadas por abelhas de língua comprida (Apidae) e vespas (Vespidae).
Abelhas de língua comprida: **Apidae**: Apis mellifera, Bombus lapidarius, Bombus lucorum, Bombus terrestris
Vespas: **Vespidae**: Dolichovespula sylvestris, Vespula vulgaris.

Epipactis exilis P. Delforge 2004
Polinizadas por abelhas de língua longa (Apidae) e vespas (Vespidae). Abelhas de língua comprida: **Apidae**: Apis mellifera, Bombus terrestris Vespas: **Vespidae**: Vespula vulgaris.

Epipactis fageticola (C.E. Hermos.) Devillers.-Tersch. & Devillers 1999
Polinizadas por abelhas de língua comprida (Apidae) e vespas (Vespidae).
Abelhas de língua comprida: **Apidae**: Apis mellifera, Bombus lapidarius, Bombus terrestris
Vespas: **Vespidae**: Polistes gallicus

Epipectis helleborine (L.) Crantz 1769
Polinizadas por abelhas de língua longa (Apidae), abelhas de língua curta (Halictidae), vespas (Vespidae), escaravelhos (Cantharidae, Coccinellidae), borboletas (Pieridae), traças (Zygenidae) e formigas (Formicidae).
Abelhas de língua comprida: **Apidae**: Apis mellifera, Bombus lapidarius, Bombus lucorum
Abelhas de língua curta: **Halictidae**: Lasioglossum calceatum
Vespas: **Vespidae**: Dolichovespula media, Dolichovespula norvegica, Dolichovespula saxonica, Dolichovespula sylvestris, Polistes bischofii, Polistes dominula, Vespa crabro, Vespula austriaca, Vespula germánica, Vespula rufa, Vespula vulgaris
Moscas: **Syrphidae:** Episyrphus balteatus. Eupeodes corollae, Paragus bicolor, Paragus tibialis, Sphaerophoria scripta, Sphaerophoria rupepellii
Escaravelhos: **Cantharidae**: Rhagonycha fulva; **Coccinellidae**: Coccinella septempunctata
Borboletas**: Pieridae:** Pieris rapae
Traças: **Zygaenidae:** Zygaena carniolica Formigas: **Formicidae**: Myrmica lemasnei

Epipactis kleinii M.B. Crespo, M.R. Lowe & Piera 2001
Polinizadas por vespas (Vespidae) e escaravelhos (Oedemeridae).
Vespas: **Vespidae**: Dolichovespula saxonica, Dolichovespula sylvestris, Polistes dominulus

Escaravelhos: **Oedemeridae**: Chrysanthia viridissima

Epipactis leptochila (Godfery) Godfery 1921
polinizadas por vespas (Vespidae) e escaravelhos (Oedemeridae)
Vespas: **Vespidae**: Dolichovespula saxonica, Dolichovespula sylvestris, Vespula vulgaris
Escaravelhos: **Oedemeridae**: Oedemera nobilis

Epipactis lusitanica D. Tyteca 1988
polinizadas por escaravelhos (Cantharidae, Oedemeridae)
Escaravelhos: **Cantharidae**: Cantharis rustica; **Oedemeridae**: Oedemera nobilis

Epipactis microphylla (Ehrhart) Sw. 1800 **Polinizada por escaravelhos (Cantharidae)**
Escaravelhos: **Cantharidae**: Cantharis rustica.

Epipactis muelleri Godfery 1921
Polinizadas por escaravelhos (Oedemeridae).
Escaravelhos: **Oedemeridae**: Chrysanthia viridissima

Epipactis palustris (L.) Crantz 1769
Polinizadas por abelhas de língua longa (Apidae), abelhas de língua curta (Andrenidae, Colletidae, Halictidae), vespas (Vespidae, Crabronidae, Braconidae, Chrysididae, Ichneumonidae, Pompilidae, Tenthredinidae), escaravelhos (Cantharidae, Cerambycidae, Coccinellidae, Chrysomelidae, Elateridae, Melyridae, Oedemeridae), moscas (Syrphidae, Agromyzidae, Anthomyiidae, Bombyliidae, Calliphoridae, Chloropidae, Coelopidae, Empidide, Hybotidae, Muscidae, Opomyzidae, Rhinophoridae, Sarcophagidae, Scatophagidae, Sciaridae, Stratiomyidae, Tachinidae, Tephritidae, Ulidiidae), formigas (Formicidae), percevejos (Miridae) e aranhas (Thomisidae).
Abelhas de língua comprida: **Apidae:** Apis mellifera, Bombus lucorum, Bombus pascuorum, Bombus pratorum
Abelhas de língua curta: **Andrenidae:** Andrena bicolor, Andrena fucata, Andrena haemorrhoa; **Colletidae**: Hylaeus annulatus, Hylaeus brevicornis, Hylaeus gibbus; **Halictidae**: Lasioglossum calceatum, Lasioglossum fulvicorne, Lasioglossum morio, Lasioglossum pauxillum, Lasioglossum politum, Seladonia tumulorum, Sphecodes ephippius.
Vespas: **Vespidae**: Alastor atropos, Ancistrocerus oviventris, Ancistrocerus parietinus, Dolichovespula norvegica, Dolichovespula saxonica, Dolichovespula sylvestris, Eumenes pedunculatus, Euodynerus variegatus, Polistes biglumis, Symmorphus bifasciatus, Vespula austriaca, Vespula germánica, Vespula rufa, Vespula vulgaris; **Crabronidae:** Cerceris quinquefasciata, Cerceris rybyensis, Crabro cribarius, Crossocerus elongatulus, Crossocerus podagricus, Ectemnius confinis, Ectmnius continuus, Entomognathus brevis, Gorytes quinquecinctus, Mimesa bicolor, Passaloecus insignis, Rhopalum clavipes; **Braconidae**: Chelonus carbonator; **Chrysididae**: Chrysura simplex, Holopyga inflammata; **Ichneumonidae**: Bathythrix decipiens, Cratichneumon culex, Itoplectis viduata, Pion fortipes; **Pompilidae**: Arachnospila spissa; **Tenthredinidae**: Tenthredopsis nassata
Escaravelhos: **Cantharidae**: Cantharis thoracica, Rhagomycha fulva; **Cerambycidae**: Pseudovania livida; **Coccinellidae:** Coccinella septempunctata, Propylea quatordecimpunctata; **Chrysomelidae**: Smaragdina xanthpasis; **Elateridae**: Adrastus pallens; **Melyridae:** Malachius bipustulatus; **Oedemeridae**: Nacerdes gracilis, Oedemera femorata, Oedemera nobilis

Moscas: **Syrphidae:** Chrysotoxum bicinctum, Dasysyrphus venustus, Episyrphus balteatus, Eristalis tenax, Eumerus strigatus, Eupeodes latifasciatus, Eupeodes lucasi, Helophilus pendulus, Lejogaster metallina, Melanostoma scalare, Neoascia meticulosa, Neoascia podagrica, Paragus haemorrhous, Paragus tibialis, Platycheirus scutatus, Scaeva pyrastri, Sphaerophoria scripta, Syritta
pipiens, Syrphus ribesii, Syrphus torvus, Syrphus vitripennis; **Agromyzidae**: Melanagromyza aenea; **Anthomyiidae**: Botanophila brunneilinea, Delia platura, Pegoplata aestiva; **Bombyliidae**: Hemipenthes maura, Hemipenthes morio; **Calliphoridae**: Lucilia illustris, Onesia sepulchralis; **Chloropidae**: Cetema elongata, Oscinella nitidigenis; **Coelopidae**: Coelopa pilipes; **Empididae**:

Empis livida, Rhamphomyia tibialis; **Hybotidae:** Hybos culiciformis; **Muscidae:** Morellia simplex, Phaonia laeta; **Opomyzidae:** Opomyza germinationis; **Rhinophoridae:** Rinophora lepida; **Sarcophagidae:** Sarcophaga dissimilis; **Scatophagidae:** Scatophaga stercoraria; **Sciaridae:** Sciara hemerobioides; **Sepsidae**: Sepsis cynisea, Sepsis neocynipsea**;** **Stratiomyidae**: Chloromyia Formosa, Stratiomys singularior; **Tachinidae**: Loewia phaeoptera, Macquartia tenebricosa, Phryxe vulgaris; **Tephritidae**: Oxyna flavipennis; **Ulidiidae:** Herina fondescentiae
Formigas: **Formicidae**: Formica cunicularia, Formica fusca, Formica polyctena, Formica rufibarbis, Formica rufibarbis, Lasius niger, Myrmica rubra, Myrmica ruginodes
Percevejos: **Miridae**: Plagiognathus arbustorum Aranhas: **Thomisidae**: Misumena vatia

Epipactis phyllanthes G.E. Sm. 1852 **Polinizada por escaravelhos (Oedemeridae)**
Escaravelhos**: Oedemeridae:** Oedemera nobilis

Epipactis provincialis Aubenas & Robatsch 1996
Polinizadas por vespas (Vespidae)
Vespas**: Vespidae:** Dolichovespula saxonica

Epipactis purpurata Sm. 1828
Polinizadas por abelhas de língua comprida (Apidae), vespas (Vespidae) e moscas (Syrphidae).
Abelhas de língua comprida: **Apidae:** Bombus pascuorum
Vespas: Vespidae: Dolichovespula media, Dolicovespula saxonica, Dolichovespula sylvestris, Vespula austriaca, Vespula germánica, Vespula rufa, Vespula vulgaris
Moscas: **Sayrphidae:** Eristalis tenax

Epipactis rhodanensis Gévaudan & Robatsch 1994
Polinizadas por moscas (Syrphidae).
Moscas: **Syrphidae**: Episyrphus balteatus, Eupeodes corollae, Paragus albifrons, Paragus bicolor, Paragus tibialis, Sphaerophoria rueppellii, Sphaerophoria scripta

Epipactis tremolsii Pau 1914
Polinizadas por abelhas de língua comprida (Apidae) e vespas (Vespidae, Crabronidae).
Abelhas de língua comprida: **Apidae:** Apis mellifera, Bombus lucorum, Bombus terrestris
Vespas: **Vespidae**: Ancistrocerus parietum, Dolichovespula norvegica, Dolichovespula saxonica, Dolichovespula sylvestris, Eumenes pedunculatus, Euodynerus variegatus, Polistes biglumis, Polistes dominula, Vespula austriaca, Vespula germánica, Vespula rufa, Vespula vulgaris; **Crabronidae:** Cerceris quinquefasciata, Cerceris rybyensis, Crabro cribrarius,

Crossocerus elongatulus, Crossocerus podagricus

Epigonium aphyllum Sw. 1814
Polinizadas por abelhas de língua comprida (Apidae) e moscas (Musidae).
Abelhas de língua comprida: **Apidae:** Apis mellifera, Bombus hortorum, Bombus lucorum, Bombus pascuorum, Bombus pratorum, Bombus terrestris
Moscas: **Muscidae:** Musca autumnalis

Gennaria diphylla (Link.) Parl. 1860
Polinizadas por traças (Crambidae, Geometridae, Noctuidae, Tortricidae)
Traças: **Crambridae**: Cornifrons ulceratalis, Euchromius ocellea, Eudonia augusta, Eudonia lineola; **Geometridae**: Ascotis selenaria, Costaconvexa polygrammata, Cyclophora punctaria, Eupithecia extensaria, Gymnoscelis rufifasciata; **Noctuidae**: Agrotis segetum, Ctenuplisia limbirena, Schrankia costaestrigalis; **Tortricidae**: subsequana

Goodyera repens (L.) R. Br. 1813
Polinizadas por abelhas de língua longa (Apidae), abelhas de língua curta (Halictidae) e escaravelhos (Staphilinidae).
Abelhas de língua comprida: **Apidae:** Apis mellifera, Bombus lapidarius, Bombus lucorum, Bombus pascuorum, Bombus pratensis, Bombus terrestris
Abelhas de língua curta: **Halictidae:** Lasioglossum morio Escaravelhos: **Staphilinidae:** Euphalerum kratzii

Gymnadenia austriaca (Teppener & E. Klein) P. Delforge 1998
Polinizadas por abelhas de língua comprida (Apidae), borboletas (Nymphalidae, Pieridae) e traças (Noctuidae, Sphingidae, Zygaenidae).
Abelhas de língua comprida: **Apidae**: Apis mellifera
Borboletas: **Nymphalidae**: Aglais urticae, Erebia alberganus, Erebia medusa, Vanessa cardui; **Pieridae**: Colias phicomone
Traças: **Noctuidae**: Autographa gamma, Cerapteryx graminis; **Sphingidae**: Macroglossum stellatarum; **Zygaenidae:** Zygaena filipendulae, Zygaena purpuralis

Gymnadenia borealis (Deuce) R.M. Bateman, Pridgeon & M.W. Chase 1997
Polinizadas por abelhas de língua comprida (Apidae), borboletas (Nymphalidae, Pieridae), traças (Crambidae, Geometridae, Noctuidae, Sphingidae, Zygaenidae).
Abelhas de língua comprida: **Apidae:** Apis mellifera, Bombus lapidarius, Bombus pascuorum, Bombus terrestris
Borboletas: **Nymphalidae**: Aglais urticae, Argynnis aglaja, Vanessa cardui; **Pieridae**: Aporia crategi. Traças: **Crambridae:** Crambus perella; **Geometridae:** Aplocera plagiata; **Noctuidae**: Autographa gamma, Autographa pulchrina; **Sphingidae**: Macroglossum stellatarum; **Zygaenidae**: Zygaena filipendulae

Gymnadenia conopsea (L.) R. Br. 1813
Polinizadas por abelhas de língua comprida (Apidae), borboletas (Hesperiidae, Lycaenidae, Nymphalidae, Papilionidae, Pieridae), traças (Crambidae, Geometridae, Micropterigidae, Noctuidae, Sphingidae, Zygaenidae), moscas (Syrpidae, Empididae, Tachinidae) e escaravelhos (Cerambycidae).
Abelhas de língua comprida: **Apidae:** Apis mellifera, Bombus pascuorum, Bombus terrestris
Borboletas: **Hesperiidae**: Ochlodes sylvanus, Pyrgus carthami, Tymelicus sylvestris;

Lycaenidae: Plebejus idas, Polyommatus icarus; **Nymphalidae**: Aglais urticae, Argynis adipe, Argynnis aglaja,
Boloria euphrosyne, Euphrydryas aurinia, Vanessa cardui; **Papilionidae**: Papilio machaon; **Pieridae**: Aporia crategi.
Traças: **Crambridae:** Crambus perlella, Eudonia sudetica, Pyrausta despicata; **Geometridae:** Aplocera plagiata, Entephria caesiata, Siona lineata; **Noctuidae**: Autographa bractea, Autographa gamma, Autographa pulchrina, Mythimna conigera, Papestra biren, Phytometra viridaria; **Sphingidae**: Deilephela porcellus, Hemaris tytius, Hyles euphorbiae, Hyles galii, Hyles livornica, Macroglossum stellatarum, Sphinx ligustri, Sphinx pinastri; **Zygaenidae**: Adscita geryon, Adscita statites, Zygaena exulans, Zygaena filipendulae, Zygaena lonicerae, Zygaena loti, Zygaena trifolii Moscas: **Syrphidae**: Episyrphus balteatus, Syrphus ribesii
Escaravelhos: **Cerambycidae**: Grammoptera atra

Gymnadenia densiflora (Wahlenb.) A. Dietr.
Polinizadas por borboletas (Hesperiidae, Lycaenidae, Nymphalidae, Papilionidae, Pieridae), traças (Geometridae, Noctuidae, Sphingidae, Zygaenidae), moscas (Syrpidae, Empididae, Tachinidae) e escaravelhos (Cerambycidae).
Borboletas: **Hesperiidae**: Ochlodes sylvanus, Tnymelicus sylvestris; **Lycaenidae:** Plebejus idas, Polyommatus icarus; **Nymphalidae**: Aglais urticae, Argynis adipe, Argynnis aglaja, Boloria euphrosyne, Euphrydryas aurinia, Maniola jurtina, Melanargia galathea, Vanessa cardui; **Papilionidae**: Papilio machaon; **Pieridae**: Aporia crategi, Pieris napi.
Traças: **Geometridae:** Aplasta onoraria, Aplocera plagiata, Entephria caesiata, Siona lineata; **Noctuidae**: Autographa bractea, Autographa gamma, Autographa pulchrina, Mythimna conigera, Noctua pronuba, Papestra biren, Phytometra viridaria, Plusia festucae; **Sphingidae**: Deilephela porcellus, Hemaris tytius, Hyles euphorbiae, Hyles galii, Hyles livornica, Macroglossum stellatarum, Sphinx ligustri, Sphinx pinastri; **Zygaenidae**: Adscita geryon, Adscita statites, Zygaena exulans, Zygaena filipendulae, Zygaena lonicerae, Zygaena trifolii.
Moscas: **Syrphidae**: Syrphus ribesii; **Empididae:** Empis livid, Empis tessellata; **Tachinidae**: Siphona geniculata
Escaravelhos: **Cerambycidae**: Paracorymba fulva

Gymnadenia conopsea var. *pyrenaica* (Philippe) Nyman, 1882
Polinizadas por borboletas (Hesperiidae, Lycaenidae, Nymphalidae, Pieridae) e traças (Geometridae, Noctuidae, Sphingidae, Zygaenidae).
Borboletas: **Hesperiidae**: Ochlodes sylvanus, Thymelicus sylvestris; **Lycaenidae:** Polyommatus icarus; **Nymphalidae**: Aglais urticae, Euphrydryas aurinia, Maniola jurtina, Vanessa cardui; **Pieridae**: Aporia crategi.
Traças: **Geometridae:** Aplocera plagiata, Entephria caesiata, Siona lineata; **Micropterigidae**: Micropterix aureatella; **Noctuidae**: Autographa bractea, Autographa gamma, Autographa pulchrina, Mythimna conigera, Mythimna vitellina; **Sphingidae**: Deilephela porcellus, Hemaris tytius, Hyles euphorbiae, Hyles galii, Hyles livornica, Macroglossum stellatarum, Sphinx ligustri, Sphinx pinastri; **Zygaenidae**: Adscita geryon, Adscita statites, Zygaena filipendulae, Zygaena lonicerae, Zygaena trifolii.

Gymnadenia gabasiana (Teppener & E. Klein) Teppener & E. Klein 1998
Polinizadas por abelhas de língua comprida (Apidae), borboletas (Nymphalidae) e traças (Crambridae, Geometridae, Noctuidae, Zygaenidae) e moscas (Muscidae).
Abelhas de língua comprida: **Apidae:** Apis mellifera, Bombus pascuorum, Bombus terrestris

Borboletas: **Nymphalidae**: Erebia melampus

Traças: **Crambidae:** Crambus perlella, Diasemia reticularis; **Geometridae:** Crocota tinctaria; **Noctuidae:** Autographa gamma, Lasionycta imbecilla, Leucania comma; **Zygaenidae**: Adscita statites, Zygaena exulans, Zygaena filipendulae, Zygaena loti, Zyganea transalpina, Zygaena trifolii Moscas: **Muscidae**: Thricops simplex

Gymnadenia nigra (L.) Rchb. f

Polinizadas por traças (Crambidae, Noctuidae, Zygaenidae), borboletas (Hesperiidae, Nymphalidae), abelhas de língua comprida (Apidae) e moscas (Muscidae).

Abelhas de língua comprida: **Apidae:** Apis mellifera

Traças: **Crambidae:** Crambus perlella, Diasemia reticularis; **Noctuidae:** Autographa gamma, Chersotis ocellina, Lasionycta imbecilla, Leucania comma; **Zygaenidae**: Adscita statites, Zygaena exula, Zygaena filipendulae, Zygaena loti, Zygaena transalpina, Zugaema troolii

Borboletas: **Hesperiidae**: Pyrgus serratulae; **Nymphalidae**: Boloria euphrosyne, Melitaea athalia, Melitaea parthenoides

Moscas: **Muscidae**: Thricops simplex

*Gymnadenia odoratissima (*L.) Rich. 1817

Polinizadas por borboletas (Lycaenidae), traças (Crambidae, Geometridaae, Prodoxidae, Sesiidae, Zygaenidae) e percevejos (Lygaeidae).

Borboletas: **Lycaenidae:** Aricia cramera

Traças: **Crambidae:** Catoptria pinella, Crambus perlella; **Geometridae:** Elophos dilucidaria, Entephria caesiata, Gnophos obfuscata, Odezia atrata, Perizoma obsoletata**; Noctuidae:** Lasionycta imbecilla**,** Mythimna conigera**; Prodoxidae:** Lampronia fuscatella; **Sesiidae:** Chamaesphecia empiformis**; Zygaenidae**: Adscita geryon, Zygaena lonicerae

Percevejos: **Lygaeidae**: Lygaeus equestris, Lygaeus simulans

Gymnadenia odoratissima subsp. *longicalcarata* C. E. Hermos. & Sabando 1996

Polinizadas por borboletas (Nymphalidae) e traças (Geometridae, Noctuidae, Zygaenidae).

Borboletas: **Nymphalidae:** Maniola jurtina

Traças: **Geometridae:** Elophos dilucidaria, Gnophos obfuscata, Odezia atrata, Perizoma obsoletata**; Noctuidae:** Autographa gamma, Lasionycta imbecilla**,** Mythimna conigera, Noctua pronuba**; Zygaenidae**: Adscita geryon, Zygaena lonicerae, Zygaema trofolii

Himantoglossum hircimum (L.) Spreng. 1826

Polinizadas por abelhas de língua longa (Apidae, Megachilidae), abelhas de língua curta (Andrenidae, Colletidae), escaravelhos (Elateridae, Oedemeridae, Tenebrionidae) e vespas (Vespidae).

Abelhas de língua comprida: **Apidae**: Apis mellifera, Bombus lucorum, Bombus terrestris; **Megachilidae**: Anthidium cingulatum, Anthidium loti, Coelioxys caudatus, Megachile ericetorum, Megachile lefebvrei, Megachile maritima, Megachile parietina

Abelhas de língua curta: **Andrenidae**: Andrena bicolor, Andrena carbonaria, Andrena cineraria, Andrena fulva, Andrena haemorrhoa, Andrena nigroaenea, Andrena nitida, Andrena pilipes, Andrena potentillae; **Colletidae:** Colletes cunicularius, Colletes similis

Escaravelhos: **Elateridae**: Cidnopus pilosus; **Oedemeridae**: Oedemera nobilis; **Tenebrionidae**: Heliotaurus ruficollis

Vespas: **Vespidae**: Odynerus femoratus

Himantoglossum metlesicsianum (W.P. Techner) P. Delforge 1999
Polinizadas por abelhas de língua comprida (Apidae)
Abelhas de língua comprida: **Apidae**: Apis mellifera, Bombus hortorum, Bombus lucorum, Bombus terrestris

Himantoglossum robertianum (Loisel.) P. Delforge 1999
Polinizadas por abelhas de língua comprida (Apidae, Megachilidae)
Abelhas de língua comprida: **Apidae**: Anthophora plumipes, Bombus hortorum, Bombus lucorum, Bombus ruderatus, Bombus subterraneus, Bombus terrestris, Eucera interrupta, Eucera longicornis, Eucera nigrescens, Eucera tricincta, Xylocopa violacea; **Megachilidae**: Megachile sicula

Limodorum abortivum (L.) Sw. 1799
Polinizadas por abelhas de língua longa (Apidae, Megachilidae) e abelhas de língua curta (Halictidae)
Abelhas de língua comprida: **Apidae:** Anthophora dispar, Anthophora mucida, Anthophora plumipes, Bombus terrestris, Habropoda tarsata; **Megachilidae:** Anthidium manicatum, Osmia caerulescens, Rhodanthidium septemdentatum
Abelhas de língua curta: **Halictidae**: Lasioglossum bluetgheri, Lasioglossum marginatum, Lasioglossum xanthopus

Limodorum trabutianum Batt. 1886
Polinizadas por abelhas de língua comprida (Apidae)
Abelhas de língua comprida: **Apidae:** Anthophora plumipes, Bombus terrestris,

Neotinea conica (Willd.) R.M. Bateman 2003
Polinizadas por abelhas de língua comprida (Apidae, Megachilidae)
Abelhas de língua comprida: **Apidae:** Apis mellifera; **Megachilidae**: Osmia bicornis

Neotinea maculata (Desf.) Stearn 1975
Polinizadas por abelhas de língua longa (Apidae, Megachilidae), abelhas de língua curta (Halictidae) e escaravelhos (Cerambycidae, Chrysomelidae, Melyridae, Scarabaeidae)
Abelhas de língua longa: **Apidae:** Apis mellifera, Nomada fucata; **Megachilidae**: Osmia aurulenta, Osmia bicolor, Osmia bicornis, Osmia niveata
Abelhas de língua curta: **Halictidae**: Halictus patellatus
Escaravelhos: **Cerambycidae**: Dinoptera collaris; **Chrysomelidae**: Spermophagus sericeus; **Melyridae**: Malachius bipustulatus; **Scarabaeidae:** Oxythyrea funesta

Neotinea tridentata
Polinizadas por abelhas de língua longa (Apidae, Megachilidae), abelhas de língua curta (Andrenidae, Halictidae), moscas (Syrphidae, Sarcophagidae, Tachinidae) e escaravelhos (Cerambycidae, Elateridae, Scarabaeidae).
Abelhas de língua comprida: **Apidae**: Apis mellifera, Bombus hortorum, Bombus terrestris, Nomada fucata; **Megachilidae**: Osmia aurulenta, Osmia bicolor, Osmia bicornis, Osmia niveata
Abelhas de língua curta: **Andrenidae:** Andrena cineraria; **Halictidae:** Halictus patellatus, Lasioglossum calceatum
Moscas: **Syrphidae**: Eristalis pertinax; **Sarcophagidae:** Sarcophaga variegata; **Tachinidae**: Tachina magnicornis

Escaravelhos: **Cerambycidae**: Dinoptera collaris; **Elateridade**: Ctenicera pecticornis; **Scarabaeidae**:
Oxythyrea funesta, Valgus hemipterus

Neotinea ustulata (L.) R.M. Bateman, Prigdeon & M.W. Chase 1977
Polinizadas por moscas (Syrphidae, Sarcophagidae, Tachinidae) e escaravelhos (Cerambycidae, Oedemeridae).
Moscas: **Syrphidae**: Eristalis pertinax; **Sarcophagidae:** Sarcophaga variegata; **Tachinidae**: Tachina magnicornis
Escaravelhos: **Cerambycidae**: Pseudovadonia livida; **Oedemeridae**: Oedemera nobilis

Neottia cordata (L.) Rich. 1817
Polinizadas por moscas (Limoniidae, Mycetophilidae, Sciaridae, Tipulidae) e vespas (Braconidae, Ichneumonidae).
Moscas: **Limoniidae**: Limnophila schranki; **Mycetophilidae**: Mycetophila Formosa; **Sciaridae:**
Sciara flavimana; **Tipulidae:** Tipula oleracea
Vespas: **Braconidae**: Microgaster procera; **Ichneumonidae**: Aptesis femoralis, Cratichneumon culex, Cratichneumon flavifrons, Cratichneumon semirufus, Cratichneumon viator, Ichneumon insidiosus, Ichneumon ligatorius, Ichneumon submarginatus, Ichneumlon suspìciosus, Perilissus pallidus, Phygadeuoun cephalotes, Phygadeuon fumator, Phygadeuoun rugolosus, Rhorus neustriae, Tryphon bidentatus

Neottia nidus-avis (L.) Rich. 1817
Polinizadas por moscas (Syrphidae) e formigas (Formicidae).
Moscas: **Syrphidae**: Meliscaeva cinctella, Syrphus ribesii
Formigas: Formicidae: Leptotothorax gredleri, Paratrechina longicornis

Neottia ovata (L.) Bluff & Fingerh. 1838 Abelhas de língua comprida: **Apidae**: Apis mellifera
Abelhas de língua curta: **Andrenidae**: Andrena chrysosceles, Andrena haemorrhoa, Andrena nitida;
Colletidae: Colletes cunicularius
Vespas: **Argidae**: Arge cyanocrocea, Arge pagana, Arge rustica, Arge ustulata; **Cimbicidae**: Abia fasciata; **Crabronidae**: Argogorytes mystaceus; **Ichneumonidae**: Aethecerus nitidus, Agrypon flaveolatum, Allomya debellator, Aptesis assimilis, Aptesis femoralis, Campoletis zonata, Chorinaeus longicornis, Coelichneumon impressor, Cratichneumon culex, Cratichneumon flavifrons, Cratichneumon semirufus, Cratichneumon viator, Cryptus leucocheir, Ctenochira pastoralis, Diplazon laetatorius, Dusona inermis, Endasys brevis, Ethelurgus sodalis, Exetastes illusor, Glyphicnemis vagabunda, Heteropelma amictum, Hyperbatus segmentator, Ichneumon insidiosus, Ichneumon ligatorius, Ichneumon submarginatus, Ichneumlon suspìciosus, Idiolispa analis, Limerodops subsericans, Lissonota cruentator, Mesoleptus laevigatus, Netelia lineolata, Perilissus lutescens, Perilissus pallidus, Phygadeuoun cephalotes, Phygadeuon fumator, Phygadeuoun rugulosus, Pimpla melanacrias, Rhorus femoralis, Rhorus neustriae, Symphertha antilope, Townesia tenuiventris, Trychosis pauper, Tryphon bidentatus, Tryphon nigripes, Tryphon signator, Vulgichneumon suavis; **Tenthredinidae**: Aglaostigma aucupariae, Amauronematus histrio, Claremontia brevicornis, Dolerus anticus, Dolerus bajulus, Dolerus cothurnatus, Dolerus germanicus, Dolerus gonager, Dolerus niger, Dolerus nitens, Dolerus picipes, Dolerus planatus, Dolerus vestigialis, Empria

immersa, Empria pumila, Empria sexpunctata, Eutomostethus ephippium, Macrophya albicincta, Macrophya duodecimpunctata, Pachyprotasis rapae, Rhogogaster viridis, Tenthredo atra, Tenthredo crassa, Tenthredo lívida, Tenthredo olivácea, Tenthredo temula, Tenthredo vespa, Tenthredopsis nassata, Tentredopsis quadriforis

Escaravelhos: **Cantharidae**: Cantharis coronata, Cantharis franciana, Cantharis instabilis, Cantharis

nigra, Cantharis palliata, Cantharis paulinoi, Cantharis reichei, Cantharis xanthoporpa, Rhagonycha divisa, Ragonycha nigriceps; **Cerambycidae**: Alosterna tabacicolor, Clytus arietis, Dinoptera collaris, Grammoptera atra, Stenurella melanura, Stenurella nigra; **Chrysomelidae**: Bruchus atomarius, Bruchus loti; **Coccinellidae**: Coccinella septempunctata; **Curculionidae:** Curculio nucum; **Dascillidae:** Dascillus cervinus; **Dasytidae**: Dasytus plumbeus; **Elateridae**: Agriotes acuminatus, Athous nigricornis, Athous vittatus, Cidnopus pilosus, Ctenicera pastoralis, Dalopius marginatus, Denticollis linearis**;** **Melyridae:** Malachius bipustulatus**; Nitulidae:** Meligethes aeneus; **Oedemeridae:** Ischnomera cinerascens, Oedemera femorata, Oedemera nobilis, Oedemera `podagrariae, Oedemera virescens**; Orsodacnidae:** Orsodacne cerasi; **Scarabaeidae (Cetoniinae):**

Valgus hemipterus**; Scarabaeidae (Melolonthinae):** Hoplia bilineata, Hoplia coerulea; **Scraptiidae**: Anaspis frontalis

Moscas: **Syrphidae**: Cheilosia bergensammi, Melanostoma mellinum, Meliscaeva cinctella, Pipiza bimaculata; **Anthomyiidae**: Hydrophoria ruralis; **Bibionidae**: Bibio marci; **Cylindrotomidae:** Cylindrotoma distinctissima; **Empididae**: Empis decorella, Empis tessellata; **Limoniidae**: Dactylolabis sexmaculata**; Sarcophagidae**: Sarcophaga africa; **Tachinidae:** Phorocera grandis, Zophomyia temula; **Tipulidae**: Tipula luna

Formigas**: Formicidae:** Camponotus herculeanus, Formica fusca, Formica lemani, Lasiur niger, Myrmica ruginodis

Gafanhotos: **Tettigoniidae**: Pholidoptera griseoaptera Aranhas**: Thomosidae:** Misumena vatia

Ophrys algarvensis D. Tyteca, Benito & M. Walravens 2003

Polinizadas por abelhas de língua longa (Apidae) e abelhas de língua curta (Colletidae).

Abelhas de língua comprida: **Apidae**: Anthophora atroalba Abelhas de língua curta: **Colletidae**: Colletes albomaculatus

Ophrys alpujata Riech. & H. Kohlmüller 2019 **Polinizadas por abelhas de língua curta (Andrenidae)** Abelhas de língua curta: **Andrenidae**: Andrena cinerea

Ophrys apifera Huds. 1762

Polinizadas por abelhas de língua comprida (Apidae)

Abelhas de língua comprida: **Apidae**: Eucera longicornis

Ophrys arachnitiformis Gren. & M. Philippe 1860

Polinizadas por abelhas de língua curta (Andrenidae, Colletidae)

Abelhas de língua curta: **Andrenidae:** Andrena nigroaenea, Andrena senecionis, Andrena trimmerana; **Colletidae**: Colletes cunicularius

Ophrys araneola Rchb. 1831

Polinizadas por abelhas de língua curta (Andrenidae), abelhas de língua longa

(Megachilidae) Abelhas de língua curta: **Andrenidae**: Andrena combinata, Andrena lathyri Abelhas de língua comprida: **Megachilidae**: Osmia bicolor

Ophrys arnoldii P. Delforge 1999
Polinizadas por abelhas de língua curta (Andrenidae)
Abelhas de língua curta: **Andrenidae**: Andrena nigroaenea

Ophrys atlantica Munby 1856
Polinizadas por abelhas de língua comprida (Megachilidae)
Abelhas de língua comprida: **Megachilidae**: Megachile parietina

Ophrys balearica P. Delforge 1999
Polinizadas por abelhas de língua comprida (Megachilidae)
Abelhas de língua comprida: **Megachilidae**: Megachile sicula

Ophrys battandieri E.G.Camus 1908
Polinizadas por abelhas de língua curta (Andrenidae)
Abelhas de língua curta: **Andrenidae**: Andrena vetula

Ophrys bilunulata Risso 1844
Polinizadas por abelhas de língua curta (Andrenidae)
Abelhas de língua curta: **Andrenidae**: Andrena flavipes, Andrena nigroaenea

Ophrys bombyliflora Link 1799
Polinizadas por abelhas de língua comprida (Apidae)
Abelhas de língua comprida: **Apidae**: Eucera algira, Eucera gracilipes (I. Ilhas Canárias), Eucera grisea, Eucera nigrescens, Eucera oraniensis

Ophrys castellana Devillers -Tersch & Devillers 1988
Polinizadas por abelhas de língua curta (Andrenidae, Colletidae) e escaravelhos (Oedemeridae) Abelhas de língua curta: **Andrenidae:** Andrena schencki; **Colletidae**: Colletes cunicularius Escaravelhos**: Oedemeridae:** Oedemera podagrariae

Ophrys catalaunica O. Danesch & EW. Danesch 1972
Polinizadas por abelhas de língua comprida (Megachilidae)
Abelhas de língua comprida: **Megachilidae:** Megachile albonotata, Megachile parietina, Megachile pyrenaica

Ophrys clara F.M. Vázquez & S. Ramon 2005 **Polinizadas por abelhas de língua curta (Colletidae)** Abelhas de língua curta: **Colletidae:** Colletes cunicularius

Ophrys corbariensis (J. Samuel & J.-M Lewin) Kreutz 2005
Polinizadas por abelhas de língua comprida (Apidae)
Abelhas de língua comprida: **Apidae:** Eucera interrupta, Eucera longicornis, Eucera nigrescens

Ophrys decembris S. Moingeon & J.M. Moingeon 2011 **Polinizadas por abelhas de língua curta (Colletidae)** Abelhas de língua curta: **Colletidae:** Colletes cunicularius

Ophrys dianica M.R, Lowe, Piera, M.B, Crespo & J.E. Arnold 2001
Polinizadas por abelhas de língua curta (Andrenidae) e abelhas de língua longa (Megachilidae)
Abelhas de língua curta: **Andrenidae**: Andrena vulpecula Abelhas de língua longa: **Megachilidae**: Megachile albonotata

Ophrys fabrella Paulus e Ayasse ex P. Delforge 2004 **Polinizada por abelhas de língua curta (Andrenidae)** Abelhas de língua curta: **Andrenidae**: Andrena fabrella

Ophrys ficalhoana J.A. Guim. 1887
Polinizadas por abelhas de língua comprida (Apidae)
Abelhas de língua comprida: **Apidae**: Eucera dimidiata, Eucera nigrescens, Eucera nigrilabris

Ophrys forestieri (Rch. f.) Lojac. 1909
Polinizadas por abelhas de língua curta (Andrenidae, Colletidae)
Abelhas de língua curta: **Andrenidae:** Andrena bicolor, Andrena flavipes, Andrena florea, Andrena nigroaenea; **Colletidae**: Colletes cunicularius

Ophrys funerea Viv. 1824
Polinizadas por abelhas de língua curta (Andrenidae)
Abelhas de língua curta: **Andrenidae**: Andrena flavipes, Andrena ovatula, Andrena wilkella

Ophrys fusca Link 1799 subsp. *fusca*
Polinizadas por abelhas de língua curta (Colletidae, Andrenidae) e abelhas de língua longa (Apidae)
Abelhas de língua curta: **Colletidae:** Colletes cunicularius; **Andrenidae:** Andrena flavipes, Andrena florentina, Andrena fulvicrus, Andrena haemorrhoa, Andrena nigroaenea, Andrena nigroolivacea, Andrena ovatula, Andrena similis, Andrena thoracica, Andrena trimmerana
Abelhas de língua comprida: **Apidae**: Bombus subterraneus

Ophrys fusca subsp. *iricolor* (Desf.) K. Richt, 1890
Polinizadas por abelhas de língua curta (Colletidae, Andrenidae) e abelhas de língua longa (Megachilidae)
Abelhas de língua curta: **Colletidae:** Colletes cunicularius; **Andrenidae:** Andrena morio
Abelhas de língua longa: **Megachilidae:** Megachile sicula

Ophrys fusca subsp. *limensis* F. M. Vázquez 2009 **Polinizadas por abelhas de língua curta (Colletidae)** Abelhas de língua curta: **Colletidae:** Colletes cunicularius

Ophrys incubacea Bianca ex Tod. 1842
Polinizadas por abelhas de língua curta (Andrenidae) e abelhas de língua longa (Apidae) Abelhas de língua curta: **Andrenidae**: Andrena morio
Abelhas de língua comprida: **Apidae**: Melecta albifrons

Ophrys insectifera subsp. *aymonii* Breist. 1981 **Polinizada por abelhas de língua curta (Andrenidae)** Abelhas de língua curta: **Andrenidae**: Andrena combinata

Ophrys insectifera L. 1753 subsp. *insectifera*

Polinizadas por vespas (Crabronidae) e escaravelhos (Scarabaeidae) Vespas: **Crabronidae:** Argogorytes fargeii, Argogorytes mystaceus Escaravelhos: **Scarabaeidae**: Trichius fasciatus

Ophrys kallaikia C.E. Hermos. 2018
Polinizadas por abelhas de língua curta (Andrenidae)
Abelhas de língua curta: **Andrenidae:** Andrena nitida ssp. hispaniola

Ophrys lenae M. R. Lowe & D. Tyteca 2012 **Polinizada por abelhas de língua comprida (Apidae)** Abelhas de língua comprida: **Apidae:** Anthophora atroalba

Ophrys lucentina P. Delforge 1999
Abelhas de língua curta: **Andrenidae:** Andrena vulpécula

Ophrys lupercalis Devierllers- Tersch. & Deviller, 1994 **Polinizadas por abelhas de língua curta (Andrenidae)** Abelhas de língua curta: **Andrenidae**: Andrena nigroaenea

Ophrys lutea subsp. *galilaea* (H. Fleischm. & Bornm.) Soó **Polinizadas por abelhas de língua curta (Andrenidae)** Abelhas de língua curta: **Andrenidae**: Andrena cinerea

Ophrys lutea Cav. 1793 subsp. *lutea*
Polinizadas por abelhas de língua curta (Andrenidae)
Abelhas de língua curta: **Andrenidae**: Andrena bicolor, Andrena cinerea, Andrena humilis, Andrena nigroaenea, Andrena nigroolivacea, Andrena ovatula, Andrena senecionis, Andrena taraxaci, Andrena tibialis, Andrena trimmerana

Ophrys malacitana M.R. Lowe, I. Phillips & Paulus 2010 **Polinizada por abelhas de língua curta (Colletidae)** Abelhas de língua curta: **Colletidae:** Colletes cunicularius

Ophrys marzuola (Geniez, Melki e Soca) Soca 2020
Polinizadas por abelhas de língua curta (Andrenidae, Colletidae)
Abelhas de língua curta: **Andrenidae:** Andrena nigroaenea, Andrena senecionis; **Colletidae**: Colletes cunicularius

Ophrys montserratensis Cadevall 1904
Polinizadas por abelhas de língua comprida (Megachilidae)
Abelhas de língua comprida: **Megachilidae:** Megachile parietina

Ophrys oceanica Soca 2024
Polinizadas por abelhas de língua comprida (Apidae)
Abelhas de língua comprida: **Apidae:** Eucera interrupta, Eucera longicornis, Eucera nigrescens

Ophrys omegaifera subsp. *dyris* (Maire) Del Prete 1984
Polinizadas por abelhas de língua longa (Apidae, Megachilidae) e abelhas de língua curta (Andrenidae)
Abelhas de língua comprida: **Apidae**: Anthophora atriceps, Anthophora atroalba, Anthophora balearica;

Megachilidae: Osmia bicornis
Abelhas de língua curta: **Andrenidae:** Andrena flavipes

Ophrys picta Link 1799
Polinizadas por abelhas de língua comprida (Apidae)
Abelhas de língua comprida: **Apidae**: Eucera barbiventris, Eucera cineraria

Ophrys pintoi M. R. Lowe & D. Tyteca 2012
Abelhas de língua comprida: **Apidae**: Anthophora atroalba

Ophrys quarteirae (Kreutz, M.R. Lowe & Wucherpf.) Devillers & Devillers - Tersch. 2013
Abelhas de língua curta: **Andrenidae:** Andrena cinerea

Ophrys querciphila Nicole, Hervy & Soca 2017 **Polinizada por abelhas de língua comprida (Apidae)** Abelhas de língua comprida**: Apidae:** Tetralonia strigata

Ophrys riojana C.E. Hermos. 1999
Polinizadas por abelhas de língua curta (Andrenidae)
Abelhas de língua curta: **Andrenidae:** Andrena florea, Andrena hypopolia, Andrena limbata, Andrena nigroaenea

Ophrys santonica J.M. Mathé & Melki 1994 **Polinizada por abelhas de língua comprida (Apidae)** Abelhas de língua comprida: **Apidae:** Tetralonia dentata

Ophrys scolopax subsp. *apiformis*
Polinizadas por abelhas de língua comprida (Apidae)
Abelhas de língua comprida**: Apidae:** Eucera barbiventris

Ophrys scolopax Cav. 1793 subsp. *scolopax*
Polinizadas por abelhas de língua comprida (Apidae)
Abelhas de língua comprida: **Apidae:** Eucera barbiventris, Eucera elongatula, Eucera interrupta, Eucera longicornis, Eucera nigrescens, Eucera nigrifacies, Eucera notata

Ophrys spectabilis (Kreutz & zelesny) Paulus 2011 **Polinizada por abelhas de língua comprida (Apidae)** Abelhas de língua comprida: **Apidae:** Eucera rufa

Ophrys speculum subsp. *lusitanica* O. Danesh & E. Danesch 1969
Polinizadas por vespas (Crabronidae)
Vespas: **Crabronidae:** Argogorytes fargeii, Argogorytes mystaceus

Ophrys speculum Link 1799 subsp. *speculum*
Polinizadas por vespas (Scoliidae)
Vespas: **Scoliidae**: Dasyscolia ciliata

Oprys sphegodes subsp. *atrata* (Rchb. f) O. Bolòs, 1950
Abelhas de língua curta (Andrenidae)
Abelhas de língua curta: **Andrenidae**: Andrena nigroaenea

Ophrys sphegodes subps. *aveyronensis* J.J. Wood 1983
Abelhas de língua curta (Andrenidae)
Abelhas de língua curta: **Andrenidae**: Andrena hattorfiana

Ophrys sphegodes subsp. *litigiosa* (E. G. Camus) Bech., 1925
Abelhas de língua curta (Andrenidae)
Abelhas de língua curta: **Andrenidae**: Andrena nigroaenea

Ophrys sphegodes subsp. *passionis* (Sennen) Sanz & Nuet, 1995
Polinizadas por abelhas de língua curta (Andrenidae)
Abelhas de língua curta: **Andrenidae:** Andrena pilipes

Ophrys sphegodes Mill. 1768 subsp. *sphegodes*
Polinizadas por abelhas de língua curta (Andrenidae)
Abelhas de língua curta: **Andrenidae:** Andrena barbilabris, Andrena bimaculata, Andrena cineraria, Andrena florea, Andrena limata, Andrena nigroaenea, Andrena thoracia

Ophrys subinsectifera C.E. Hermos. & Sabando 1996
Polinizadas por vespas (Argidae)
Vespas: **Argidae:** Sterictiphora gastrica

Ophrys tenthredinifera Willd. 1805
Polinizadas por abelhas de língua comprida (Apidae)
Abelhas de língua comprida: **Apidae:** Eucera algira, Eucera clypeata, Eucera dimidiata, Eucera longicornis, Eucera nigrescens, Eucera nigrilabris, Eucera notata, Eucera oraniensis, Eucera rufa, Eucera vidua

Ophrys vasconica (O. Danesh & E. Danesh) P. Delforge 1991
Polinizadas por abelhas de língua curta (Andrenidae, Colletidae)
Abelhas de língua curta: **Andrenidae:** Andrena flavipes, Andrena nigroaenea, Andrena pilipes;
Colletidae: Colletes cunicularius

Ophrys vitorica Kreutz 2007
Polinizadas por abelhas de língua curta (Andrenidae)
Abelhas de língua curta: **Andrenidae:** Andrena hattorfiana

Orchis anthropophora All. 1875
Polinizadas por escaravelhos (Cantharidae, Cerambycidae, Elateridae, Tenebrionidae), moscas (Empididae, Syrphidae) e vespas (Argidae, Chrysididae, Tenthredinidae).
Escaravelhos: **Cantharidae**: Cantharis rutisca; **Cerambycidae**: Grammoptera atra; **Elateridae**: Cidnopus pilosus; **Tenebrionidae**: Isomira murina
Moscas: **Empididae**: Empis pennipes; **Syrphidae**: Platyheirus manicatus
Vespas: **Argidae**: Arge ustulata; **Chrysididae:** Chrysis bicolor; **Tenthredinidae**: Tenthredopsis ornata
Formigas: **Formicidae**: Formica fusca

Orchis canariensis Lindl. 1835

Polinizadas por abelhas de língua comprida (Apidae)
Abelhas de língua comprida: **Apidae**: Anthophora alluaudi, Bombus canariensis, Eucera gracilipes, Eucera lanuginosa; **Megachilidae**: Megachile canescens

Orchis italica Poir. 1798
Polinizadas por abelhas de língua comprida (Apidae, Megachilidae) e escaravelhos (Scarabaeidae) Abelhas de língua comprida: **Apidae**: Apis mellifera, Bombus humilis, Eucera nigrescens; **Megachilidae:** Rhodanthidium septemdentatum
Escaravelhos**: Scarabaeidae:** Oxytherea funesta

Orchis lapalmensis (Leibbach & Ruedi Peter) P. Delforge 2007
Polinizadas por abelhas de língua comprida (Apidae)
Abelhas de língua comprida: **Apidae**: Bombus canariensis

Orchis mascula subsp. *ichnusae* Corrias 1982
Polinizadas por abelhas de língua comprida (Apidae, Megachilidae)
Abelhas de língua comprida**: Apidae:** Apis mellifera, Bombus hortorum, Bombus humilis, Bombus lapidarius, Bombus lucorum, Bombus pascuorum, Bombus pratorum, Bombus ruderarius, Bombus ruderatus, Bombus rupestris, Bombus subterraneus, Bombus sylvarum, Bombus sylvestris, Bombus terrestris, Eucera hungarica, Eucera interrupta, Eucera longicornis; **Megachilidae**: Osmia bicolor

Orchis mascula subsp. *laxifloriformis* Rivas Goday & B. Rodr. 1946 (=O. langei)
Polinizadas por abelhas de língua comprida (Apidae, Megachilidae)
Abelhas de língua comprida**: Apidae:** Apis mellifera, Bombus lapidarius, Bombus lucorum, Bombus pascuorum, Bombus pratorum, Bombus ruderarius, Bombus ruderatus, Bombus rupestris, Bombus subterraneus, Bombus sylvarum, Bombus sylvestris, Bombus terrestris, Eucera hungarica, Eucera interrupta, Eucera longicornis; **Megachilidae**: Osmia bicolor

Orchis mascula (L.) L. 1775 subsp. *mascula*
Polinizadas por abelhas de língua longa (Apidae, Megachilidae) e abelhas de língua curta (Andrenidae, Halictidae), moscas (Syrphidae, Bombyliidae, Empididae, Scatophagidae), escaravelhos (Scarabaeidae Cetoniinae), traças (Zygaenidae) e vespas (Crabronidae).
Abelhas de língua comprida**: Apidae:** Apis mellifera, Bombus barbutellus, Bombus bohemicus, Bombus hortorum, Bombus humilis, Bombus lapidarius, Bombus lucorum, Bombus muscorum, Bombus pascuorum, Bombus pratorum, Bombus ruderarius, Bombus ruderatus, Bombus rupestris, Bombus subterraneus, Bombus sylvarum, Bombus sylvestris, Bombus terrestris, Bombus vestalis, Eucera hungarica, Eucera interrupta, Eucera longicornis, Nomada marshamella; **Megachilidae**: Osmia bicolor
Abelhas de língua curta: **Andrenidae:** Andrena haemorrhoa, Andrena helvola, Andrena nigroaenea, Andrena nitida; **Halictidae**: Halictus sexcinctus
Moscas: **Syrphidae**: Rhingia campestris; **Bombyliidae**: Bombylius major; **Empididae**: Empis tessellata; **Scatophagidae**: Scatophaga stercoraria
Escaravelhos**: Scarabaeidae (Cetoniinae):** Cetonia aurata Traças: **Zygaenidae**: Zygaena transalpina
Vespas: **Crabronidae**: Argogorytes mystaceus

Orchis militaris L. 1753 subsp. *militaris*
Polinizadas por abelhas de língua longa (Apidae, Megachilidae) e de língua curta (Andrenidae, Halictidae), escaravelhos (Scarabaeidae Cetoniinae), borboletas (Pieridae), moscas (Syrphidae, Muscidae, Opomyzidae, Scatophagidae) e formigas (Formicidae).
Abelhas de língua comprida: **Apidae:** Anthophora aestivalis, Apis mellifera, Bombus lapidarius, Bombus lucorum, Bombus pascuorum, Bombus pratorum, Bombus terrestris, Bombus vestalis, Nomada fabriciana, Nomada ruficornis, Nomada succincta; **Megachilidae**: Hoplitis adunca, Osmia aurulenta, Osmia bicolor, Osmia bicornis
Abelhas de língua curta: **Andrenidae:** Andrena cineraria, Andrena curvungula, Andrena enslinella, Andrena hattorfiana; **Halictidae**: Halictus eurygnathus, Halictus simplex, Sphecodes ferruginatus Escaravelhos: **Scarabaeidae (Cetoniinae):** Tropinota hirta
Borboletas: **Pieridae:** Pieris brassicae, Pieris napi

Moscas: **Syrphidae**: Baccha elongata, Leucozona lucorum, Melanostoma mellinum, Platychierus scutatus, Rhingia campestris; **Muscidae**: Thricops semicinesreus; **Opomyzidae**: Opomyza germinationis; **Scatophagidae**: Scatophaga stercoraria
Formigas: **Formicidae**: Myrmica ruginodis

Orchis olbiensis Reut. ex Gren. 1860
Polinizadas por abelhas de língua comprida (Apidae, Megachilidae)
Abelhas de língua comprida**: Apidae:** Apis mellifera, Bombus hortorum, Bombus lapidarius, Bombus lucorum, Bombus pascuorum, Bombus pratorum, Bombus ruderarius, Bombus ruderatus, Bombus rupestris, Bombus subterraneus, Bombus sylvarum, Bombus sylvestris, Bombus terrestris, Eucera hungarica, Eucera interrupta, Eucera longicornis; **Megachilidae**: Osmia bicolor

Orchis pallens L. 1771
Polinizadas por abelhas de língua comprida (Apidae, Megachilidae)
Abelhas de língua comprida: **Apidae:** Bombus hortorum, Bombus lapidarius, Bombus pascuorum, Bombus pratorum, Bombus sylvestris, Bombus terrestris, Eucera nigrescens, Xylocopa valga**; Megachilidae:** Osmia cornuta

Orchis provincialis Balv. 1806
Polinizadas por abelhas de língua comprida (Apidae)
Abelhas de língua comprida: **Apidae:** Bombus humilis, Eucera hungarica, Eucera nigrescens

Orchis purpurea Huds. 1762 subsp. *purpurea*
Polinizadas por abelhas de língua longa (Apidae, Megachilidae), abelhas de língua curta (Andrenidae, Halictidae), escaravelhos (Scarabaeidae) e borboletas (Papilionidae)
Abelhas de língua longa*:* **Apidae*:*** Apis mellifera, Bombus terrestris, Eucera nigrescens; **Megachilidae**: Osmia aurulenta, Osmia bicornis, Osmia caerulescens, Osmia rufohirta, Osmia viridana
Abelhas de língua curta: **Andrenidae:** Andrena dorsata, Andrena flavipes, Andrena haemorrrhoa, Andrena nitida; **Halictidae**: Halictus cochlearitarsis, Halictus confusus, Halictus patellatus, Halictus quadricinctus, Halictus senilis, Seladonia tumulorum, Lasioglossum calceatum
Escaravelhos: **Scarabaeidae**: Cetonia aurata, Tropinota hirta, Tropinosa squalida Borboletas: **Papilionidae:** Iphiclides podalirius

Orchis simia Lam. 1779 subsp. *simia*

Polinizadas por abelhas de língua comprida (Apidae), traças (Sphingidae) e escaravelhos (Elateridae, Glaphyridae, Scarabaeidae).

Abelhas de língua comprida: **Apidae:** Apis mellifera, Eucera longicornis Traças: **Sphingidae:** Hemaris fuciformis

Escaravelhos: **Elateridae**: Cidnopus pilosus; **Glaphyridae**: Amphicoma iberica; **Scarabaeidae**: Tropinota hirta

Orchis spitzelii subsp. *cazorlensis* (Lacaita) D. Riveera & López Vélez, 1987

Polinizadas por abelhas de língua comprida (Apidae)

Abelhas de língua comprida: **Apidae:** Bombus barbutellus, Bombus lapidarius, Bombus pascuorum, Bombus pratorum, Bombus terrestris

Orchis spitzelii Saut. ex W.D.J. Koch 1837 subsp. *spitzelii*

Polinizadas por abelhas de língua comprida (Apidae)

Abelhas de língua comprida: **Apidae:** Bombus bohemicus, Bombus campestris, Bombus lapidarius, Bomus lucorum, Bombus pascuorum, Bombus rupestris,

Orchis tenera (Landwehr) Kreutz 1991

Polinizadas por abelhas de língua comprida (Apidae, Megachilidae)

Abelhas de língua comprida: **Apidae:** Apis mellifera, Bombus hortorum, Bombus lapidarius, Bombus lucorum, Bombus pascuorum, Bombus pratorum, Bombus ruderarius, Bombus ruderatus, Bombus rupestris, Bombus subterraneus, Bombus sylvarum, Bombus sylvestris, Bombus terrestris, Eucera hungarica, Eucera interrupta, Eucera longicornis; **Megachilidae**: Osmia bicolor

Platanthera algeriensis Batt. & Trab. 1892

Polinizadas por borboletas (Lycaenidae, Papilionidae) e por traças (Geometridae, Noctuidae, Sphingidae), abelhas de língua comprida (Apidae) e moscas (Calliphoridae).

Borboletas: **Lycaenidae**: Satyrium w-album; **Papilionidae:** Papilion machaon

Traças: **Geometridae:** Aplocera plagiata, Gnophos obfuscata, Scopula ornata, Xanthorrhoea ferrugata; **Noctuidae**: Agrotis puta, Apamea furva, Autographa gamma, Hada plebeja, Noctua pronuba, Orthosia incerta; **Sphingidae:** Deilephila elpenor, Deilephila porcellus

Abelhas de língua comprida: **Apidae:** Apis mellifera, Bombus lapidarius Moscas: **Calliphoridae**: Calliphora vicina

Platanthera bifolia (L.) Rich. 1817 subsp. *bifolia*

Polinizadas por borboletas (Papilionidae) e por traças (Geometridae, Noctuidae, Sphingidae), abelhas de língua comprida (Apidae) e moscas (Culicidae).

Borboletas: **Papilionidae:** Papilion machaon

Traças; **Geometridae:** Aplocera plagiata, Campaea margaritaria, Dysstroma citrata, Gnophos furvata, Gnophos obfuscata, Hydriomena furcata, Mesoleuca albicillata, Scopula virgulata, Xanthorhoea fluctuata; **Noctuidae:** Agrotis ipsilon, Agrotis segetum, Apamea furva, Apamea monoglypha, Autographa gamma, Autographa pulchrina, Cucullia umbrática, Hada plebeja, Hadena albimacula, Hadena expectata, Hadena silenes, Noctua pronuba, Orthosia incerta, Plusia festucae, Sideridis reticulata; **Sphingidae:** Deilephila elpenor, Deilephila porcellus, Hemaris fuciformis, Hyles euphorbiae, Sphinx pinastri.

Abelhas de língua comprida: **Apidae:** Apis mellifera, Bombus terrestris Moscas: **Culicidae:**

Aedes communis, Aedes vexans

Platanthera chlorantha Cust. ex Rchb. 1829
Polinizadas por borboletas (Hesperiidae, Papilionidae), traças (Drepanidae, Geometridae, Noctuidae, Pyralidae, Sphingidae) e abelhas de língua comprida (Apidae).
Borboletas: **Hesperiidae:** Ochlodes sylvanus; **Papilionidae**: Papilion machaon
Traças: **Drepanidae:** Habrosyne pyritoides; **Geometridae:** Aplocera plagiata, Gnophos obfuscata, Ourapteryx sambucaria, Scopula imitaria; **Noctuidae**: Abrostola tripartita, Abrostola triplasia, Agrotis cinerea, Apamea anceps, Apamea furva, Apamea lateritia, Apamea monoglypa, Apamea sublustris, Autographa bractea, Autographa gamma, Autographa jota, Autographa pulchrina, Cucullia umbrática, Diachrysia chrysitis, Diarsia mendica, Dicharyris forcipula, Hadena albimacula, Hadena caesia, Hadena compta, Hadena perplexa, Heliothis nubigera, Macdunnoughia confusa, Noctua pronuba, Plusia festucae, Polia bombycina, Polia hepatica, Polia nebulosa, Pyrrhia umbra, Rivula sericealis, Sideridis reticulata; **Pyralidae**: Pyralis regalis; **Sphingidae**: Agrius convolvuli, Deilephila elpenor, Deilephila porcellus, Hyles gallii, Proserpinus proserpina, Sphinx ligustri, Sphinx pinastri
Abelhas de língua comprida: **Apidae:** Apis mellifera, Bombus hortorum

Pseudorchis albida (l.) A. Löve & D. Löve
Polinizadas por borboletas (Nymphalidae), traças (Crambidae, Plutellidae, Pterophoridae) e moscas (Empididae).
Borboletas: **Nymphalidae:** Coenonympha pamphillus
Traças: **Crambidae**: Crambus pascuella, Crambus perlella, Chrysoteuchia culmella, Udea uliginosallis; **Plutellidae**: Plutella xylostella; **Pterophoridae**: Hellinsia osteodactylus, Hellinsia pectodactylus
Moscas: **Empididae:** Empis bistortae, Empis tessellata

Serapias cordigera L. 1763 subsp. *cordigera*
Polinizadas por abelhas de língua comprida (Apidae, Megachilidae)
Abelhas de língua comprida: **Apidae**: Anthophora mucida, Eucera clypeata, Eucera collaris; **Megachilidae:** Anthidium manicatum, Dioxys cincta, Hoplitis acuticornis ssp. hispanica, Hoplitis adunca, Hoplitis annulata, Hoplitis anthocopoides, Hoplitis benoisti, Hoplitis cristatula, Megachile albisecta, Megachile argentata, Megachile centuncularis, Megachile ericetorum, Megachile octosignata, Megachile pyrenaica, Megachile versicolor, Megachile willughbiella, Osmia argyropyga, Osmia aurulenta, Osmia bicolor, Osmia brevicornis, Osmia caerulescens, Osmia cephalotes, Osmia niveata, Osmia rufohirta, Osmia scutellaris, Osmia signata, Osmia submicans

Serapias lingua subsp. *duriaei* (Rchb. ex Batt.) Soó 1928 **Polinizada por abelhas de língua comprida (Apidae)** Abelhas de língua comprida: **Apidae**: Ceratina cucurbitina

Serapias lingua L. 1753 subsp. *lingua*
Polinizadas por abelhas de língua comprida (Apidae) e vespas (Crabronidae) Abelhas de língua comprida: **Apidae**: Ceratina cucurbitina, Xylocopa iris Vespas: **Crabronidae**: Gorytes quinquecinctus

Serapias maria F.M. Vázquez 2008
Polinizadas por abelhas de língua comprida (Apidae)
Abelhas de língua comprida: **Apidae**: Eucera longicornis

Serapias nurrica Corrias 1982
Polinizadas por abelhas de língua comprida (Megachilidae)
Abelhas de língua comprida: **Megachilidae:** Osmia bicornis

Serapias occidentalis C. Venhuis & P. Venhuis 2006 **Polinizadas por abelhas de língua comprida (Apidae)** Abelhas de língua comprida: **Apidae:** Eucera longicornis

Serapias olbia Verg. 1908
Polinizadas por abelhas de língua comprida (Apidae)
Abelhas de língua comprida: **Apidae**: Ceratina cucurbitina

Serapias parviflora Parl. 1837
Polinizadas por abelhas de língua comprida (Apidae, Megachilidae)
Abelhas de língua comprida: **Apidae:** Ceratina cucurbitina; **Megachilidae:** Anthidium manicatum, Megachile willughbiella

Serapias perez-chiscanoi Acedo 1990
Polinizadas por abelhas de língua comprida (Apidae)
Abelhas de língua comprida: **Apidae:** Bombus terrestris

Serapias strictiflora Wellw. ex Veiga 1887 **Polinizada por abelhas de língua comprida (Apidae)** Abelhas de língua comprida: **Apidae:** Eucera collaris

Serapias vomeracea Briq. 1910
Polinizadas por abelhas de língua longa (Apidae, Megachilidae), abelhas de língua curta (Halictidae, Andrenidae), escaravelhos (Lymexylidae, Oedemeriae, Scarabaeidae) e vespas (Chrysididae).
Abelhas de língua comprida: **Apidae**: Ceratina chalybea, Eucera clypeata, Eucera collaris, Eucera longicornis, Eucera seminuda; **Megachilidae**: Anthidium cingulatum, Anthidium manicatum, Hoplitis adunca, Hoplitis lepeletieri, Megachile centuncularis, Megachile melanopyga, Megachille willughbiella, Osmia aurulenta, Osmia leaiana, Osmia niveata, Rhodanthidium septemdentatum Abelhas de língua curta: **Halictidae:** Halictus scabiosae; **Andrenidae:** Andrena morio Escaravelhos: **Lymexylidae:** Elateroides dermestoides; **Oedemeridae**: Oedemera nobilis; **Scarabaeidae**: Hoplia philanthus, Oxythera funesta.
Vespas: **Chrysididae**: Chrysura refulgens

Spiranthes aestivalis (Poir.) Rich. 1817
Polinizadas por abelhas de língua longa (Apidae, Megachilidae), abelhas de língua curta (Halictidae, Colletidae), moscas (Syrphidae), borboletas (Hesperiidae, Pieridae) e traças (Noctuidae).
Abelhas de língua comprida: **Apidae**: Anthophora plumipes, Apis mellifera, Bombus pascuorum, Bombus pratorum, Bombus terrestris, Ceratina cucurbitina; **Megachilidae**: Anthidium manicatum, Megachille willughbiella, Osmia bicolor, Stelis punctulatissima
Abelhas de língua curta: **Halictidae**: Halictus simplex, Lasioglossum morio, Sphecodes gibbus;
Colletidae: Hylaeus communis
Moscas: **Syrphidae**: Sphaerophoria scripta
Borboletas: **Hesperiidae**: Thymelicus lineola; **Nymphalidae**: Vanessa carduia; **Pieridae**: Pieris rapae

Traças: **Noctuidae:** Syngrapha interrogationis

Spiranthes spiralis (L.) Chevall 1827

Polinizadas por abelhas de língua longa (Apidae, Megachilidae) e abelhas de língua curta (Halictidae, Andrenidae), borboletas (Hesperiidae, Nymphalidae, Pieridae), traças (Noctuidae) e moscas (Syrphidae).

Abelhas de língua comprida: **Apidae**: Apis mellifera, Bombus lapidarius, Bombus pascuorum, Bombus sylvarum, Bombus terrestris; **Megachilidae**: Hoplitis adunca, Megachile parietina, Osmia bicornis Abelhas de língua curta: **Halictidae**: Lasioglossum zonulum, Halictus simplex; **Andrenidae**: Andrena nigroaenea

Borboletas: **Hesperiidae**: Erynnis tages; **Nymphalidae**: Vanessa atalanta; **Pieridae**: Pieris brassicae Traças: **Noctuidae:** Syngrapha interrogationis

Moscas: **Syrphidae:** Episyrphus balbeatus

HÍBRIDOS

NOTOTÁXONS INTRAGÉNICOS

— Epipactis ×cardonneae J.M. Lewin (Epipactis atrorubens × Epipactis kleinii)
Polinizadas por vespas (Vespidae)
Vespas: **Vespidae**: Dolichovespula saxonica, Dolichovespula sylvestris

— Epipactis ×vinturensis R. Martin (Epipactis atrorubens × Epipactis tremolsii)
Polinizadas por vespas (Vespidae, Crabronidae)
Vespas: **Vespidae**: Dolichovespula norvegica, Dolichovespula saxonica, Dolichovespula sylvestris, Polistes biglumis, Vespula austriaca, Vespula germánica, Vespula rufa, Vespula vulgaris;

— Epipactis cardina × Epipactis distans **Polinizadas por vespas (Vespidae, Crabronidae)**
Vespas: **Vespidae**: Dolichovespula sylvestris

— Epipactis cardina × Epipactis helleborine
Polinizadas por vespas (Vespidae, Crabronidae)
Vespas: **Vespidae**: Dolichovespula media, Dolichovespula saxonica, Dolichovespula sylvestris, Polistes bischofii, Vespa crabro, Vespula austriaca, Vespula germánica, Vespula rufa, Vespula vulgaris

— Epipactis cardina × Epipactis kleinii B. Ayuso & C. E. Hermos. Ayuso & C.E. Hermos (Epipactis cardina × Epipactis kleinii)
Polinizadas por vespas (Vespidae, Crabronidae)
Vespas: **Vespidae**: Dolichovespula media, Dolichovespula saxonica, Dolichovespula sylvestris, Polistes bischofii, Polistes dominula, Vespa crabro, Vespula austriaca, Vespula rufa, Vespula vulgaris

— Epipactis cardina × Epipactis provincialis
Polinizadas por vespas (Vespidae)
Vespas: **Vespidae:** Dolichovespula saxonica, Vespula vulgaris

— Epipactis distans × Epipactis helleborine
Polinizadas por vespas (Vespidae)
Vespas: **Vespidae**: Dolichovespula media, Dolichovespula norvegica, Dolichovespula saxonica, Dolichovespula sylvestris, Polistes dominula, Vespa crabro, Vespula austriaca, Vespula germanica, Vespula rufa, Vespula vulgaris

— Epipactis distans × Epipactis kleinii
Polinizadas por vespas (Vespidae)
Vespas: **Vespidae**: Dolichovespula media, Dolichovespula saxonica

— Epipactis fageticola × Epipactis helleborine
Polinizadas por vespas (Vespidae)
Vespas: **Vespidae**: Dolichovespula media, Dolichovespula norvegica, Dolichovespula saxonica, Dolichovespula sylvestris, Polistes dominula, Vespa crabro, Vespula austriaca, Vespula germanica, Vespula vulgaris

— Epipactis ×reinekei M. Bayer (Epipactis helleborine × Epipactis muelleri)

Polinizadas por vespas (Vespidae)

Vespas: **Vespidae**: Dolichovespula norvegica, Dolichovespula saxonica, Dolichovespula sylvestris, Polistes dominula, Vespa crabro, Vespula germánica, Vespula rufa, Vespula vulgaris

— Epipactis helleborine × Epipactis phyllanthes
Polinizadas por vespas (Vespidae)
Vespas: **Vespidae**: Dolichovespula media, Dolichovespula norvegica, Dolichovespula saxonica, Dolichovespula sylvestris, Polistes bischofii, Polistes dominula, Vespula austriaca, Vespula germánica, Vespula rufa, Vespula vulgaris

— Epipactis ×gevaudanii P. Delforge (Epipactis helleborine × Epipactis rhodanensis)
Polinizadas por vespas (Vespidae)
Vespas: **Vespidae**: Dolichovespula media, Dolichovespula norvegica, Dolichovespula saxonica, Dolichovespula sylvestris, Polistes dominula, Vespula austriaca, Vespa crabro, Vespula germánica, Vespula rufa, Vespula vulgaris

- Epipactis ×populetorum B. Ayuso & C.E. Hermos (Epipactis campeadorii × Epipactis helleborine)
Polinizadas por vespas (Vespidae)
Vespas: **Vespidae**: Dolichovespula media, Dolichovespula norvegica, Dolichovespula saxonica, Dolichovespula sylvestris, Polistes dominula, Vespula austriaca, Vespa crabro, Vespula rufa, Vespula vulgaris

— Epipactis kleinii × Epipactis tremolsii
Polinizadas por vespas (Vespidae).
Vespas: **Vespidae**: Dolichovespula norvegica, Dolichovespula saxonica, Dolichovespula sylvestris, Polistes biglumis, Polistes dominula, Vespula austriaca, Vespula germánica, Vespula rufa, Vespula vulgaris;

— Epipactis lusitanica × Epipactis tremolsii
Polinizadas por vespas (Vespidae, Crabronidae).
Vespas: **Vespidae**: Dolichovespula norvegica, Dolichovespula saxonica, Dolichovespula sylvestris, Polistes biglumis, Polistes dominula, Vespula austriaca, Vespula germánica, Vespula rufa, Vespula vulgaris;

— Epipactis microphylla × Epipactis tremolsii
Polinizadas por vespas (Vespidae).
Vespas: **Vespidae**: Dolichovespula norvegica, Dolichovespula saxonica, Dolichovespula sylvestris, Eumenes papillarius, Euodynerus fastidiosus, Polistes biglumis, Polistes dominula, Vespula austriaca, Vespula rufa, Vespula vulgaris;

— Epipactis phyllanthes × Epipactis rhodanensis
Polinizadas por vespas (Vespidae).
Vespas: **Vespidae**: Vespula vulgaris.

— Epipactis rhodanensis × Epipactis kleinii
Polinizadas por vespas (Vespidae).
Vespas: **Vespidae**: Dolichovespula sylvestris

- Epipactis campeadorii × Epipactis parviflora

Polinizadas por vespas (Vespidae).

Vespas: **Vespidae**: Vespula rufa

– Platanthera ×hybrida Brügger (Platanthera bifolia × Platanthera chlorantha)

Polinizadas por traças (Noctuidae, Sphingidae)

Noctuidae: Abrostola asclepiadis, Abrostola tripartita, Abrostola triplasia, Agrotis bigramma, Agrotis cinerea, Agrotis fatidica, Agrotis ipsilon, Agrotis lata, Agrotis obesa, Agrotis puta, Apamea anceps, Apamea furva, Apamea lateritia, Apamea monoglypa, Apamea sublustris, Autographa bractea, Autographa gamma, Autographa jota, Autographa pulchrina, Cucullia lucifuga, Cucullia umbratica, Diachrysia chrysitis, Diarsia mendica, Dicharyris forcipula, Hadena albimacula, Hadena caesia, Hadena compta, Hadena confusa, Hadena luteocincta, Hadena perplexa, Hadena sancta, Heliothis nubigera, Macdunnoughia confusa, Noctua comes, Noctua fimbriata, Noctua interjecta.

Noctua janthe, Noctua janthina, Noctua pronuba, Plusia festucae, Polia bombycina, Polia hepatica, Polia bombycina, Polia hepatica, Polia nebulosa, Polia sagittigera, Pyrrhia umbra, Rivula sericealis, Sideridis reticulata; **Sphingidae:** Deilephila elpenor, Deilephila porcellus, Hemaris fuciformis, Hyles euphorbiae, Sphinx pinastri.

– Gymnadenia conopsea × Gymnadenia densiflora

Polinizadas por borboletas (Hesperiidae, Lycaenidae, Nymphalidae, Papilionidae, Pieridae) e traças (Crambidae, Geometridae, Micropterigidae, Noctuidae, Pterophoridae Pyralidae, Sphingidae, Zygaenidae).

Borboletas: **Hesperiidae**: Ochlodes sylvanus, Thymelicus lineola, Thymelicus sylvestris; **Lycaenidae:** Lycaena phlaeas, Plebejus idas, Polyommatus icarus; **Nymphalidae**: Aglais urticae, Argynis adipe, Argynnis aglaja, Boloria euphrosyne, Euphrydryas aurinia, Manola jurtina, Vanessa cardui; **Papilionidae**: Papilio machaon; **Pieridae**: Aporia crategi, Pieris rapae.

Traças: **Crambridae:** Crambus perlella; **Geometridae:** Aplocera plagiata, Entephria caesiata, Heliothea discoidaria, Siona lineata; **Noctuidae**: Autographa aemula, Autographa bractea, Autographa gamma, Autographa jota, Autographa pulchrina, Mythimna conigera, Mythimna prominens, Mythimna sicula, Mythimna turca, Mythimna unipuncta, Mythimna vitellina, Papestra biren, Phytometra viridaria; **Sphingidae**: Deilephela porcellus, Hemaris tytius, Hyles euphorbiae, Hyles galii, Hyles livornica, Macroglossum stellatarum, Sphinx ligustri, Sphinx pinastri; **Zygaenidae**: Adscita geryon, Adscita statites, Zygaena exulans, Zygaena filipendulae, Zygaena lonicerae, Zygaena loti, Zygaena trifolii.

– Gymnadenia conopsea × Gymnadenia gabasiana

Polinizadas por borboletas (Hesperiidae, Lycaenidae, Nymphalidae, Papilionidae, Pieridae) e traças (Crambridae, Geometridae, Noctuidae, Sphingidae, Zygaenidae).

Borboletas: **Hesperiidae**: Ochlodes sylvanus, Tymelicus sylvestris; **Lycaenidae:** Plebejus idas, Polyommatus icarus; **Nymphalidae**: Aglais urticae, Vanessa cardui; **Papilionidae**: Papilio machaon; **Pieridae**: Aporia crategi.

Traças: **Crambridae:** Pyrausta despicata; **Geometridae:** Aplocera plagiata, Entephria caesiata, Myinodes interpunctaria, Siona lineata; **Noctuidae**: Autographa bractea, Autographa gamma, Autographa jota, Autographa pulchrina, Mythimna congrua, Mythimna conigera, Mythimna l- album, Mythimna langida, Mythimna pudorina, Papestra biren, Phytometra viridaria; **Sphingidae**: Deilephela porcellus, Hemaris tytius, Hyles euphorbiae, Hyles galii, Hyles livornica, Macroglossum stellatarum, Sphinx ligustri, Sphinx pinastri; **Zygaenidae**:

Adscita geryon, Adscita statites, Zygaena exulans, Zygaena filipendulae, Zygaena lonicerae, Zygaena loti, Zygaena trifolii.

- Gymnadenia ×pyrenaeensis Foelsche; ×Gymnigritella pyrenaica C.E. Hermosilla & Sabando **Polinizada por borboletas (Hesperiidae, Nymphalidae, Pieridae) e traças (Geometridae, Noctuidae, Sphingidae, Zygaenidae)**

Borboletas: **Hesperiidae**: Ochlodes sylvanus, Tymelicus sylvestris; **Lycaenidae:** Polyommatus icarus; **Nymphalidae**: Aglais urticae, Maniola jurtina, Vanessa cardui; **Papilionidae**: Papilio machaon; **Pieridae**: Aporia crategi, Pieris brassicae.
Traças: **Geometridae:** Entephria caesiata, Eupithecia alliaria, Eupithecia extensaria, Myinodes interpunctaria, Siona lineata; **Noctuidae**: Autographa bractea, Autographa gamma, Autographa jota, Autographa jota, Autographa pulchrina, Mythimna congrua, Mythimna conigera, Mythimna l- album, Mythimna langida, Mythimna pudorina, Mythimna vitellina, Papestra biren, Phytometra viridaria; **Sphingidae**: Deilephela porcellus, Hemaris tytius, Hyles euphorbiae, Hyles galii, Hyles livornica, Macroglossum stellatarum, Sphinx ligustri, Sphinx pinastri; **Zygaenidae**: Adscita geryon, Adscita statites, Zygaena exulans, Zygaena filipendulae, Zygaena lonicerae, Zygaena loti, Zygaena purpuralis, Zygaena sarpedon, Zygaena trifolii.

— Gymnadenia ×intermedia Peterm. (Gymnadenia conopsea × Gymnadenia odoratissima) **Polinizada por borboletas (Hesperiidae, Nymphalidae, Pieridae) e traças (Geometridae, Noctuidae, Sphingidae, Zygaenidae)**
Borboletas: **Hesperiidae**: Ochlodes sylvanus, Tymelicus sylvestris; **Lycaenidae:** Polyommatus icarus; **Nymphalidae**: Aglais urticae, Melithaea athalia, Vanessa cardui; **Pieridae**: Aporia crategi, Pieris brassicae.
Traças: **Geometridae:** Entephria caesiata, Eupithecia centaurata, Eupithecia dodoneata, Idaea aversata, Myinodes interpunctaria, Siona lineata; **Noctuidae**: Autographa bractea, Autographa gamma, Autographa jota, Autographa jota, Autographa pulchrina, Mythimna congrua, Mythimna conigera, Mythimna l-album, Mythimna langida, Mythimna pudorina, Mythimna vitellina, Noctua prónuba, Papestra biren, Phytometra viridaria; **Sphingidae**: Deilephela porcellus, Hemaris tytius, Hyles euphorbiae, Hyles galii, Hyles livornica, Macroglossum stellatarum, Sphinx ligustri, Sphinx pinastri; **Zygaenidae**: Adscita geryon, Adscita statites, Zygaena exulans, Zygaena filipendulae, Zygaena lonicerae, Zygaena loti, Zygaena purpuralis, Zygaena sarpedon, Zygaena trifolii.

— Gymnadenia conopsea × Gymnadenia pyrenaica
Polinizadas por borboletas (Hesperiidae, Nymphalidae, Pieridae) e traças (Geometridae, Noctuidae, Sphingidae, Zygaenidae).
Borboletas: **Hesperiidae**: Ochlodes sylvanus, Thymelicus lineola, Tymelicus sylvestris; **Lycaenidae:** Lycaena phlaeas, Polyommatus icarus; **Nymphalidae**: Aglais urticae, Coenonimpha pamphilus, Maniola jurtina, Vanessa cardui; **Pieridae**: Aporia crategi, Pieris napi, Pieris rapae.
Traças: **Geometridae:** Apamea furva, Eupithecia graphata, Idaea biselata, Idaea biselata, Myinodes interpunctaria, Siona lineata; **Noctuidae**: Autographa bractea, Autographa gamma, Autographa jota, Autographa jota, Autographa pulchrina, Mythimna l-album, Mythimna langida, Mythimna pudorina, Mythimna unipunctata, Mythimna vitellina, Papestra biren, Phytometra viridaria; **Sphingidae**: Deilephela porcellus, Hemaris tytius, Hyles euphorbiae, Hyles galii, Hyles livornica, Macroglossum stellatarum, Sphinx ligustri, Sphinx pinastri;

Zygaenidae: Adscita geryon, Adscita statites, Zygaena exulans, Zygaena filipendulae, Zygaena lonicerae, Zygaena loti, Zygaena trifolii, Zygaena viciae.

- Gymnadenia ×proxima C.E. Hermosa (Gymnadenia conopsea × Gymnadenia odoratissima subsp. longicalcarata)

Polinizadas por borboletas (Hesperiidae, Nymphalidae, Pieridae) e traças (Geometridae, Noctuidae, Sphingidae, Zygaenidae).

Borboletas: **Hesperiidae**: Ochlodes sylvanus, Thymelicus lineola, Tymelicus sylvestris; **Lycaenidae:** Lycaena phlaeas, Polyommatus icarus; **Nymphalidae**: Aglais urticae, Coenonimpha pamphilus, Maniola jurtina, Vanessa cardui; **Pieridae**: Aporia crategi, Pieris napi, Pieris rapae.

Traças: **Geometridae:** Apamea furva, Eupithecia graphata, Idaea biselata, Idaea biselata, Myinodes interpunctaria, Siona lineata; **Noctuidae**: Autographa bractea, Autographa gamma, Autographa jota, Autographa jota, Autographa pulchrina, Mythimna l-album, Mythimna langida, Mythimna pudorina, Mythimna unipunctata, Mythimna vitellina, Papestra biren, Phytometra viridaria; **Sphingidae**: Deilephela porcellus, Hemaris tytius, Hyles euphorbiae, Hyles galii, Hyles livornica, Macroglossum stellatarum, Sphinx ligustri, Sphinx pinastri; **Zygaenidae**: Adscita geryon, Adscita statites, Zygaena exulans, Zygaena filipendulae, Zygaena lonicerae, Zygaena loti, Zygaena trifolii, Zygaena viciae.

— Gymnadenia densiflora × Gymnadenia pyrenaica

Polinizadas por borboletas (Hesperiidae, Nymphalidae, Pieridae) e traças (Geometridae, Noctuidae, Sphingidae, Zygaenidae).

Borboletas: **Hesperiidae**: Ochlodes sylvanus, Thymelicus lineola, Tymelicus sylvestris; **Lycaenidae:** Lycaena phlaeas, Polyommatus icarus; **Nymphalidae**: Aglais urticae, Coenonimpha pamphilus, Maniola jurtina, Vanessa cardui; **Pieridae**: Aporia crategi, Pieris napi, Pieris rapae.

Traças: **Geometridae:** Apamea furva, Eupithecia graphata, Idaea biselata, Idaea biselata, Myinodes interpunctaria, Siona lineata; **Noctuidae**: Autographa bractea, Autographa gamma, Autographa jota, Autographa jota, Autographa pulchrina, Mythimna l-album, Mythimna langida, Mythimna pudorina, Mythimna unipunctata, Mythimna vitellina, Papestra biren, Phytometra viridaria; **Sphingidae**: Deilephela porcellus, Hemaris tytius, Hyles euphorbiae, Hyles galii, Hyles livornica, Macroglossum stellatarum, Sphinx ligustri, Sphinx pinastri; **Zygaenidae**: Adscita geryon, Adscita statites, Zygaena exulans, Zygaena filipendulae, Zygaena lonicerae, Zygaena loti, Zygaena trifolii, Zygaena viciae.

(Gymnadenia densiflora × Gymnadenia odoratissima subsp. longicalcarata) -Gymnadenia ×sabandoi C.E. Hermos (Gymnadenia densiflora × Gymnadenia odoratissima subsp. longicalcarata)

Polinizadas por borboletas (Hesperiidae, Nymphalidae, Pieridae) e traças (Geometridae, Noctuidae, Sphingidae, Zygaenidae).

Borboletas: **Hesperiidae**: Ochlodes sylvanus, Thymelicus lineola, Tymelicus sylvestris; **Lycaenidae:** Lycaena phlaeas, Polyommatus icarus; **Nymphalidae**: Aglais urticae, Coenonimpha pamphilus, Maniola jurtina, Vanessa cardui; **Pieridae**: Aporia crategi, Pieris napi, Pieris rapae.

Traças: **Geometridae:** Apamea furva, Eupithecia graphata, Idaea biselata, Idaea biselata,

Myinodes interpunctaria, Siona lineata; **Noctuidae**: Autographa bractea, Autographa gamma, Autographa jota, Autographa jota, Autographa pulchrina, Mythimna l-album, Mythimna langida, Mythimna pudorina, Mythimna unipunctata, Mythimna vitellina, Papestra biren, Phytometra viridaria; **Sphingidae**: Deilephela porcellus, Hemaris tytius, Hyles euphorbiae, Hyles galii, Hyles livornica, Macroglossum stellatarum, Sphinx ligustri, Sphinx pinastri; **Zygaenidae**: Adscita geryon, Adscita statites, Zygaena exulans, Zygaena filipendulae, Zygaena lonicerae, Zygaena loti, Zygaena trifolii, Zygaena viciae.

— Dactylorhiza alpestris × Dactylorhiza fuchsii; Dactylorhiza ×sooi (Ruppert ex Soó) Soó
Polinizadas por abelhões. Bombus lapidarius, Bombus pascuorum, Bombus terrestris.

— Dactylorhiza caramulensis × Dactylorhiza saccifera?
Polinizadas por abelhões. Bombus lapidarius, Bombus pascuorum, Bombus terrestris.

— Dactylorhiza elata × Dactylorhiza ericetorum ?
Polinizadas por abelhões. Bombus lapidarius, Bombus pascuorum, Bombus terrestris.

— Dactylorhiza ×hjerstonii P.P. Ferrer, Lozano, Roselló, Feliu & Peña (Dactylorhiza elata × Dactylorhiza fuchsii)
Polinizadas por abelhões. Bombus lapidarius, Bombus pascuorum, Bombus terrestris.

— Dactylorhiza ×dubreuilhii (G. Keller & Jeanj.) Soó (Dactylorhiza elata × Dactylorhiza incarnata) Polinizadas por abelhões. Bombus lapidarius, Bombus pascuorum, Bombus terrestris.

— Dactylorhiza ×perez-chiscanoi F.M. Vázquez (Dactylorhiza elata × Dactylorhiza irenica?) Polinizada por abelhas. Bombus lapidarius, Bombus pascuorum, Bombus terrestris.

Dactylorhiza ×delamainii Keller & Stephenson (Dactylorhiza elata × Dactylorhiza maculata)
Polinizadas por abelhões. Bombus lapidarius, Bombus pascuorum, Bombus terrestris.

— Dactylorhiza elata × Dactylorhiza majalis
Polinizadas por abelhões. Bombus lapidarius, Bombus pascuorum, Bombus terrestris.

— Dactylorhiza elodes? × Dactylorhiza purpurella?
Polinizadas por abelhões. Bombus lapidarius, Bombus pascuorum, Bombus terrestris.

— Dactylorhiza fuchsii × Dactylorhiza incarnata; Dactylorhiza ×wirtgenii Höppner; Dactylorhiza
×kerneriorum (Soó) Soó
Polinizadas por abelhões. Bombus lapidarius, Bombus pascuorum, Bombus terrestris.

— Dactylorhiza fuchsii × Dactylorhiza maculata; Dactylorhiza ×transiens (Druce) Soó (ut Dactylorhiza ericetorum × Dactylorhiza fuchsii)

Polinizadas por abelhões. Bombus lapidarius, Bombus pascuorum, Bombus terrestris.

— Dactylorhiza fuchsii × Dactylorhiza majalis; Dactylorhiza ×braunii (Halácsy) Borsos & Soó — Dactylorhiza guimaraesi × Dactylorhiza sambucina ? (ut Dactylorhiza markusii ×

Dactylorhiza sambucina)

Polinizadas por abelhões. Bombus lapidarius, Bombus pascuorum, Bombus terrestris.

– Dactylorhiza incarnata × Dactylorhiza maculata; Dactylorhiza ×carnea (E.G. Camús) Soó; Dactylorhiza ×maculatiformis Rouy; Dactylorhiza ×ambigua Kern; Dactylorhiza claudiopolitana (Simonk.) Borsos & Soó
Polinizadas por abelhões. Bombus lapidarius, Bombus pascuorum, Bombus terrestris.

– Dactylorhiza incarnata × Dactylorhiza majalis; Dactylorhiza ×aschersoniana (Hausskn.) Borsos
& Soó; Dactylorhiza ×pseudotransteuneri Fuchs; Dactylorhiza ×gennachensis Fuchs; Dactylorhiza ×gennachensis Fuchs; Dactylorhiza
×koningweeniana Fuchs; Dactylorhiza ×eifliaca Fuchs; Dactylorhiza ×pseudojunialis R. Doll

Polinizadas por abelhões. Bombus lapidarius, Bombus pascuorum, Bombus terrestris.

– Dactylorhiza insularis × Dactylorhiza sambucina; Dactylorhiza ×cantabrica H.A. Pedersen
Polinizadas por abelhões. Bombus lapidarius, Bombus pascuorum, Bombus terrestris.

– Dactylorhiza maculata × Dactylorhiza majalis; Dactylorhiza ×dinglensis (Wilmott) Soó; Dactylorhiza ×vermeuleniana Soó
Polinizadas por abelhões. Bombus lapidarius, Bombus pascuorum, Bombus terrestris.

– Orchis canariensis × Orchis lapalmensis; Orchis ×reginae Leibbach & Ruedi Peter
Polinizadas por abelhões. Bombus canariensis.

– Orchis cazorlensis × Orchis langei; Orchis ×incantata P. Delforge
Polinizadas por abelhões. Bombus lapidarius, Bombus pascuorum, Bombus terrestris.

– Orchis cazorlensis × Orchis mascula
Polinizadas por abelhões. Bombus lapidarius, Bombus pascuorum, Bombus terrestris.

– Orchis champagneuxii × Orchis collina; Orchis ×semisaccata E.G. Camús; Orchis ×semichampagneuxii E.G. Camús; Orchis ×rainei Rouy pro sp.
Polinizadas por abelhões. Bombus lapidarius, Bombus pascuorum, Bombus terrestris.

– Orchis champagneuxii × Orchis coriophora
Polinizada por abelhas melíferas e abelhões. Planta nectarífera. Apis mellifera, Bombus lapidarius, Bombus pascuorum, Bombus terrestris.

– Orchis champagneuxii × Orchis fragrans
Polinizada por abelhas melíferas e abelhões. Planta nectarífera. Apis mellifera, Bombus lapidarius, Bombus pascuorum, Bombus terrestris.

– Orchis champagneuxii × Orchis laxiflora; Anacamptis ×rayyana Robles, Quintana & Becerra
Polinizadas por abelhões. Bombus lapidarius, Bombus pascuorum, Bombus terrestris.
– Orchis champagneuxii × Orchis morio; Orchis ×romerae Hervás

Polinizadas por abelhões. Bombus lapidarius, Bombus pascuorum, Bombus terrestris.

– Orchis champagneuxii × Orchis olbiensis; Orchis ×mezquitensis Pallarés
Polinizadas por abelhões. Bombus lapidarius, Bombus pascuorum, Bombus terrestris.

– Orchis champagneuxii × Orchis papilionacea; Orchis ×subpapilionacea R. Lopes
Polinizadas por abelhões. Bombus lapidarius, Bombus pascuorum, Bombus terrestris.

– Orchis champagneuxii × Orchis picta; Orchis ×albertii A. Camús
Polinizadas por abelhões. Bombus lapidarius, Bombus pascuorum, Bombus terrestris.

– Orchis collina × Orchis morio; Orchis ×murgiana (Medagli, D'Emerico, Ruggiero & Bianco) De
Bellard, Hervás, Huertas & Reyes
Polinizadas por abelhões. Bombus lapidarius, Bombus pascuorum, Bombus terrestris.

– Orchis collina × Orchis olbiensis
Polinizadas por abelhões. Bombus lapidarius, Bombus pascuorum, Bombus terrestris.

– Orchis collina × Orchis papilionacea; Orchis ×dulukae Hautz; Orchis ×dafnii R. Luz & W.
Schdmit

Polinizadas por abelhões. Bombus lapidarius, Bombus pascuorum, Bombus terrestris.

– Orchis conica × Orchis italica; Orchis ×diversifolia Gaudagno
Polinizadas por abelhões. Bombus lapidarius, Bombus pascuorum, Bombus terrestris.

– Orchis coriophora × Orchis morio; Orchis ×olida Bréb.; Orchis ×cimicina Bréb.
Polinizada por abelhas melíferas e abelhões. Planta nectarífera. Apis mellifera, Bombus lapidarius, Bombus pascuorum, Bombus terrestris.

– Orchis coriophora × Orchis purpurea; Orchis ×celtiberica Pau
Polinizada por abelhas melíferas e abelhões. Planta nectarífera. Apis mellifera, Bombus lapidarius, Bombus pascuorum, Bombus terrestris.
– Orchis fragrans × Orchis laxiflora; Orchis ×bicknellii E.G. Camús, Bergon & A. Camús;

Orchis
×parvifolia Chaub.
Polinizada por abelhas melíferas e abelhões. Planta nectarífera. Apis mellifera, Bombus lapidarius, Bombus pascuorum, Bombus terrestris.

– Orchis fragrans × Orchis papilionacea; Orchis ×menosii C. Bernard & G. Fabre

Polinizada por abelhas melíferas e abelhões. Planta nectarífera. Apis mellifera, Bombus lapidarius, Bombus pascuorum, Bombus terrestris.

– Orchis fragrans × Orchis picta; Orchis ×pauliana Malinvaud; Orchis ×darcisii Murr
Polinizada por abelhas melíferas e abelhões. Planta nectarífera. Apis mellifera, Bombus lapidarius, Bombus pascuorum, Bombus terrestris.

– Orchis fragrans × Orchis robusta; Orchis ×albuferensis R.M. Bateman & Hollingsworth
Polinizada por abelhas melíferas e abelhões. Planta nectarífera. Apis mellifera, Bombus lapidarius, Bombus pascuorum, Bombus terrestris.

– Orchis italica × Orchis purpurea; Orchis ×caesii De Angelis & Fumante

Polinizadas por abelhões. Bombus lapidarius, Bombus pascuorum, Bombus terrestris.

– Orchis langei × Orchis morio
Polinizadas por abelhões. Bombus lapidarius, Bombus pascuorum, Bombus terrestris.

– Orchis langei × Orchis olbiensis; Orchis ×serraniana P. Delforge
Polinizadas por abelhões. Bombus lapidarius, Bombus pascuorum, Bombus terrestris.

– Orchis langei × Orchis provincialis; Orchis ×navarrensis Amardeilh
Polinizadas por abelhões. Bombus lapidarius, Bombus pascuorum, Bombus terrestris.

– Orchis langei × Orchis tenera
Polinizadas por abelhões. Bombus lapidarius, Bombus pascuorum, Bombus terrestris.

– Orchis laxiflora × Orchis mascula; Orchis ×hispanica A. Nieschalk & C. Nieschalk
Polinizadas por abelhões. Bombus lapidarius, Bombus pascuorum, Bombus terrestris.

– Orchis laxiflora × Orchis morio; Orchis ×alata Fleury
Polinizadas por abelhões. Bombus lapidarius, Bombus pascuorum, Bombus terrestris.

– Orchis laxiflora × Orchis picta
Polinizadas por abelhões. Bombus lapidarius, Bombus pascuorum, Bombus terrestris.

– Orchis mascula × Orchis morio; Orchis ×vilmsii Camús; Orchis ×morioides Brand
Polinizadas por abelhões. Bombus lapidarius, Bombus pascuorum, Bombus terrestris.

– Orchis mascula × Orchis pallens; Orchis ×loreziana Bruegg; Orchis ×haussknechtii M. Schulze
Polinizadas por abelhões. Bombus lapidarius, Bombus pascuorum, Bombus terrestris.

– Orchis mascula × Orchis provincialis; Orchis ×peuzegiana A. Camús & E.G. Camús
Polinizadas por abelhões. Bombus lapidarius, Bombus pascuorum, Bombus terrestris.

– Orchis mascula × Orchis tenera
Polinizadas por abelhões. Bombus lapidarius, Bombus pascuorum, Bombus terrestris.

– Orchis militaris × Orchis purpurea; Orchis ×hybrida Boenningh ex Rchb. fil.; Orchis ×jacquinii
Godr.; Orchis ×dubia E.G. Camús

Polinizadas por abelhões. Bombus lapidarius, Bombus pascuorum, Bombus terrestris.

– Orchis militaris × Orchis simia; Orchis ×beyrichii Kern.; Orchis ×grenieri E.G. Camús; Orchis ×grenieri E.G. Camús; Orchis ×beyrichii Kern.
×chatinii E.G. Camús; Orchis ×decipiens E.G. Camús; Orchis ×propinqua E.G. Camús & Bergon Polinizadas por abelhões. Bombus lapidarius, Bombus pascuorum, Bombus terrestris.

– Orchis morio × Orchis papilionacea; Orchis ×gennarii Rchb. fil.; Orchis ×debeauxii E.G. Camús ;
Orchis ×decipiens Bianca
Polinizadas por abelhões. Bombus lapidarius, Bombus pascuorum, Bombus terrestris.

– Orchis morio × Orchis picta; Orchis ×heraclea Verg.
Polinizadas por abelhões. Bombus lapidarius, Bombus pascuorum, Bombus terrestris.

– Orchis olbiensis × Orchis tenera
Polinizadas por abelhões. Bombus lapidarius, Bombus pascuorum, Bombus terrestris.

– Orchis papilionacea × Orchis picta; Orchis ×pseudopicta E.G. Camús, Bergon & A. Camús; Orchis ×pseudorubra Freyn ; Orchis ×yvesii Verg.; Orchis ×orientecaucasica B.

Baumann, H. Baumann, R. Lorenz & R. Peter
Polinizadas por abelhões. Bombus lapidarius, Bombus pascuorum, Bombus terrestris.
– Orchis provincialis × Orchis tenera
Polinizadas por abelhões. Bombus lapidarius, Bombus pascuorum, Bombus terrestris.

– Orchis purpurea × Orchis simia; Orchis ×angusticruris Franch. ex Rouy; Orchis ×franchetii E.G. Camús; Orchis ×weddellii Franch; Orchis ×digenea Tourlet; Orchis ×gelmiana Dalla Torre & Sarnth. Polinizadas por abelhões. Bombus lapidarius, Bombus pascuorum, Bombus terrestris.

– Serapias cordigera × Serapias lingua; Serapias ×ambigua Rouy
Polinizada por Eucera clypeata, Eucera collaris;

– Serapias cordigera × Serapias maria; Serapias ×occidentalis C. Venhuis & P. Venhuis
Polinizadas por Eucera clypeata, Eucera collaris;

– Serapias cordigera × Serapias parviflora; Serapias ×rainei E.G. Camús, Bergon & A. Camús;
Serapias ×alfredii Briq.
Polinizadas por Eucera clypeata, Eucera collaris;

– Serapias cordigera × Serapias perez-chiscanoi Polinizadas por Eucera clypeata, Eucera collaris;

– Serapias cordigera × Serapias strictiflora
Polinizada por Eucera clypeata, Eucera collaris;

– Serapias cordigera × Serapias vomeracea; Serapias ×kelleri A. Camús
Polinizada por Eucera clypeata, Eucera collaris;

– Serapias lingua × Serapias maria; Serapias ×liana F.M. Vázquez, A. Sánchez & G. Alonso

Polinizadas por Eucera clypeata, Eucera collaris;

– Serapias lingua × Serapias parviflora; Serapias ×todaroi Tineo; Serapias ×semilingua E.G. Camús,
Bergon & A. Camús
Polinizadas por Eucera clypeata, Eucera collaris;

– Serapias lingua × Serapias perez-chiscanoi; Serapias ×venhuisia F.M. Vázquez

Polinizadas por Eucera clypeata, Eucera collaris;

– Serapias lingua × Serapias strictiflora; Serapias ×stenopetala Maire & T. Stephenson Polinizada por Eucera clypeata, Eucera collaris;

– Serapias lingua × Serapias vomeracea; Serapias ×intermedia Forestier ex Rchb. fil. Polinizada por Eucera clypeata, Eucera collaris;

– Serapias parviflora × Serapias strictiflora
Polinizada por Eucera clypeata, Eucera collaris;

– Ophrys algarvensis × Ophrys atlantica Polinizadas por Colletes albomaculatus

– Ophrys algarvensis × Ophrys fusca
Polinizadas por Colletes albomaculatus, Andrena flavipes, Andrena nigroaenea, Andrena similis

– Ophrys algarvensis × Ophrys lupercalis; Ophrys ×pozoi E. Robles & M. Becerra
Polinizadas por Colletes albomaculatus, Andrena nigroaenea

– Ophrys alpujata × Ophrys lupercalis
Polinizada por Andrena nigroaenea

– Ophrys apifera × Ophrys baleárica
Polinizadas por Eucera longicornis, Megachile sicula

– Ophrys apifera × Ophrys bombyliflora; Ophrys ×circaea W. Rossi & G. Prola
polinizadas por Eucera longicornis, Eucera nigrescens

– Ophrys apifera × Ophrys catalaunica
Polinizada por Eucera nigrescens

– Ophrys apifera × Ophrys ficalhoana; Ophrys ×turiana J.E. Arnold
Polinizada por Eucera longicornis

– Ophrys apifera × Ophrys picta nafarroana; Ophrys ×pompelonensis E. Robles, M. Becerra & A.
Bece Polinizadas por Eucera longicornis rra

– Ophrys apifera × Ophrys incubacea; Ophrys ×sandrae Sardu
Polinizada por Eucera longicornis

– Ophrys apifera × Ophrys scolopax; Ophrys ×pseudoscolopax Moggridge; Ophrys ×minuticauda

Duffort; Ophrys ×ouritensis Guitonneau Polinizadas por Eucera longicornis

– Ophrys apifera × Ophrys speculum; Ophrys ×soller M. Henkel
Polinizada por Eucera longicornis

– Ophrys apifera × Ophrys tenthredinifera

Polinizada por Eucera longicornis

– Ophrys arachnitiformis × Ophrys bertolonii? Ophrys ×neocamusii Godfery
Polinizada por Andrena nigroaenea

– Ophrys arachnitiformis × Ophrys lupercalis; Ophrys ×carqueirannensis E.G. Camús

Polinizada por Andrena nigroaenea

– Ophrys arachnitiformis × Ophrys passionis
Polinizada por Andrena nigroaenea

– Ophrys arachnitiformis × Ophrys scolopax; Ophrys ×cranbrokeana Godfery

Polinizada por Andrena nigroaenea

– Ophrys arachnitiformis × Ophrys tenthredinifera; Ophrys ×laconensis Scrugli & M.P. Grasso
Polinizada por Andrena nigroaenea

– Ophrys araneola × Ophrys catalaunica
Polinizada por Andrena combinata

– Ophrys araneola × Ophrys sphegodes; Ophrys ×jeanpertii E.G. Camús
Polinizada por Andrena combinata

– Ophrys arnoldii × Ophrys fabrella ? Ophrys arnoldii × Ophrys fusca

Polinizada por Andrena nigroaenea

– Ophrys arnoldii × Ophrys lupercalis ? (ut Ophrys arnoldii × Ophrys forestieri)
Polinizada por Andrena nigroaenea

– Ophrys arnoldii × Ophrys passionis
Polinizada por Andrena nigroaenea

– Ophrys arnoldii × Ophrys speculum
Polinizada por Andrena nigroaenea

– Ophrys arnoldii × Ophrys sphegodes; Ophrys ×vistabellae J.E. Arnold
Polinizada por Andrena nigroaenea

– Ophrys arnoldii × Ophrys vasconica
Polinizada por Andrena nigroaenea

– Ophrys atlantica × Ophrys bilunulata
Polinizada por Megachile parietina

– Ophrys atlantica × Ophrys dyris; Ophrys ×kurzeorum H. Baumann
Polinizada por Megachile parietina

– Ophrys atlantica × Ophrys lupercalis; Ophrys ×joannae Maire; Ophrys ×angelicae Conesa nom.
Nudez
Polinizada por Megachile parietina

– Ophrys atlantica × Ophrys lutea; Ophrys ×migoutiana H. Gay

Polinizada por Megachile parietina

– Ophrys aveyronensis × Ophrys castellana; Ophrys ×ayusoi C.E. Hermos. & Soca
Polinizada por Andrena hattorfiana

– Ophrys aveyronensis × Ophrys ficalhoana; Ophrys ×caballeroi C.E. Hermos.
Polinizada por Andrena hattorfiana

– Ophrys aveyronensis × Ophrys passionis; Ophrys ×costei H. van Looken
Polinizada por Andrena hattorfiana

– Ophrys aveyronensis × Ophrys scolopax; Ophrys ×bernardii H. van Looken
Polinizada por Andrena hattorfiana

– Ophrys aveyronensis ×Ophrys sphegodes; Ophrys ×ezcaraiensis C.E. Hermos. & Soca
Polinizada por Andrena hattorfiana

– Ophrys balearica × Ophrys dyris
Polinizada por Megachile sicula

– Ophrys balearica × Ophrys fusca; Orchis ×spuria Reinhard
Polinizada por Megachile sicula

– Ophrys balearica × Ophrys incubacea
Polinizada por Megachile sicula

– Ophrys balearica × Ophrys lutea
Polinizada por Megachile sicula

– Ophrys balearica × Ophrys spectabilis

Polinizada por Megachile sicula

– Ophrys balearica × Ophrys speculum; Ophrys ×emmae G. Keller e H. Wettst.
Polinizada por Megachile sicula

– Ophrys balearica × Ophrys sphegodes
Polinizada por Megachile sicula

– Ophrys balearica × Ophrys sulcata
Polinizada por Megachile sicula

– Ophrys balearica × Ophrys tenthredinifera
Polinizada por Megachile sicula

– Ophrys bilunulata × Ophrys dyris; Ophrys ×provecta B. Ayuso & C.E. Hermos.

Polinizadas por Andrena flavipes, Andrena nigroaenea

– Ophrys bilunulata × Ophrys fabrella
Polinizadas por Andrena flavipes, Andrena nigroaenea

– Ophrys bilunulata × Ophrys fusca; Ophrys ×proxima C.E. Hermos, B. Ayuso & Soca
Polinizadas por Andrena flavipes, Andrena nigroaenea

– Ophrys bilunulata × Ophrys lutea; Ophrys ×lucronii B. Ayuso
polinizadas por Andrena flavipes, Andrena nigroaenea

– Ophrys bilunulata × Ophrys sphegodes ? Ophrys bombyliflora × Ophrys fusca
Polinizadas por Andrena flavipes, Andrena nigroaenea

– Ophrys bombyliflora × Ophrys guimaraesi (mas Ophrys bombyliflora × Ophrys tenthredinifera
subsp. guimaraesi)
Polinizada por Eucera nigrescens

– Ophrys bombyliflora × Ophrys incubacea; Ophrys ×cosana H. Baumann & Künkele
Polinizada por Eucera nigrescens

– Ophrys bombyliflora × Ophrys lutea; Ophrys ×clapensis M. Balayer
Polinizada por Eucera nigrescens

– Ophrys bombyliflora × Ophrys picta
Polinizada por Eucera nigrescens

– Ophrys bombyliflora × Ophrys scolopax; Ophrys ×olbiensis E.G. Camús

Polinizada por Eucera nigrescens

– Ophrys bombyliflora × Ophrys spectabilis; Ophrys ×melineae Sylviane & J.M. Moingeon

Polinizada por Eucera nigrescens

– Ophrys bombyliflora × Ophrys speculum; Ophrys ×fernandii Rolfe
Polinizada por Eucera nigrescens

– Ophrys bombyliflora × Ophrys sphegifera?
Polinizada por Eucera nigrescens

– Ophrys bombyliflora × Ophrys tenthredinifera; Ophrys ×humbertii Maire
Polinizada por Eucera nigrescens

– Ophrys castellana × Ophrys ficalhoana; Ophrys ×diez-santosii B. Ayuso Polinizadas por Colletes cunicularius

– Ophrys castellana × Ophrys passionis
Polinizada por Colletes cunicularius

– Ophrys castellana × Ophrys picta
Polinizada por Colletes cunicularius

– Ophrys castellana × Ophrys scolopax; Ophrys ×vanlookeniana P. Delforge
Polinizada por Colletes cunicularius

– Ophrys castellana × Ophrys sphegodes; Ophrys ×delmeziana P. Delforge
Polinizada por Colletes cunicularius

– Ophrys castellana × Ophrys tenthredinifera
Polinizada por Colletes cunicularius

– Ophrys catalaunica × Ophrys incubacea; Ophrys ×montisciana J.E.Arnold
Polinizada por Megachile pyrenaica

– Ophrys catalaunica × Ophrys insectifera
Polinizada por Megachile pyrenaica

– Ophrys catalaunica × Ophrys passionis ? Ophrys catalaunica × Ophrys picta
Polinizada por Megachile pyrenaica

– Ophrys catalaunica × Ophrys scolopax; Ophrys ×olostensis O. Danesch & E. Danesch; Ophrys
×montserratensis Cadevall Polinizada por Megachile pyrenaica

– Ophrys catalaunica × Ophrys subinsectifera; Ophrys ×poisneliae Menos
Polinizada por Megachile pyrenaica

– Ophrys catalaunica × Ophrys speculum
Polinizada por Megachile pyrenaica

– Ophrys catalaunica × Ophrys sphegodes; Ophrys ×agustinii Kreutz
Polinizada por Megachile pyrenaica

– Ophrys clara? × Ophrys incubacea; Ophrys ×perceiana F.M. Vázquez & R. Lorenz ? (ut Ophrys fusca subsp. clara × Ophrys incubacea) Polinizadas por Colletes cunicularius

– Ophrys corbariensis × Ophrys sphegodes
Polinizadas por Eucera interrupta, Eucera longicornis, Eucera nigrescens

– Ophrys dianica × Ophrys lupercalis (forestieri); Ophrys ×lucentina P. Delforge
Polinizada por Andrena vulpecula

– Ophrys dyris × Ophrys fusca; Ophrys ×lenae M.R. Lowe & D. Tyteca pro sp.
Polinizada por Anthophora atroalba

– Ophrys dyris × Ophrys lupercalis; Ophrys ×brigittae H. Baumann
Polinizada por Anthophora atroalba

– Ophrys dyris × Ophrys lutea
Polinizada por Anthophora atroalba

– Ophrys dyris × Ophrys speculum; Ophrys ×breieri Wallenwein & Saad
Polinizada por Anthophora atroalba

– Ophrys ficalhoana × Ophrys incubacea; Ophrys ×juanae B. Ayuso
Polinizada por Eucera nigrescens

– Ophrys ficalhoana × Ophrys passionis; Ophrys ×bodegomii Benito, C.E. Hermos. & Soca
Polinizada por Eucera nigrescens

– Ophrys ficalhoana × Ophrys picta; Ophrys ×aranii E. Robles, M. Becerra, G. Astete & P. Barrena
Polinizada por Eucera nigrescens

– Ophrys ficalhoana × Ophrys riojana; Ophrys ×robatschii B. Ayuso
Polinizada por Eucera nigrescens

– Ophrys ficalhoana × Ophrys scolopax; Ophrys ×tabuencae Arnold, B. Ayuso, Hermos. & Soca
Polinizada por Eucera nigrescens

– Ophrys ficalhoana × Ophrys speculum; Ophrys ×martae B. Ayuso
Polinizada por Eucera nigrescens

– Ophrys ficalhoana × Ophrys sphegodes; Ophrys ×arizaletae Alejandre, B. Ayuso; C.E. Hermosilla & Soca
Polinizada por Eucera nigrescens

– Ophrys ficalhoana × Ophrys tenthredinifera
Polinizada por Eucera nigrescens

– Ophrys fusca × Ophrys incubacea; Ophrys ×corinthiaca Hausskn.; Ophrys ×braun-blanquetiana Soó
Polinizadas por Andrena flavipes, Andrena nigroaenea

– Ophrys fusca × Ophrys lutea; Ophrys ×gauthieri Lièvre
Polinizadas por Andrena flavipes, Andrena nigroaenea

– Ophrys fusca × Ophrys passionis
Polinizadas por Andrena flavipes, Andrena nigroaenea

– Ophrys fusca × Ophrys speculum; Ophrys ×fuscospeculum G. Keller
Polinizadas por Andrena flavipes, Andrena nigroaenea

– Ophrys fusca × Ophrys sphegodes; Ophrys ×pseudofusca Albert & E.G. Camús
Polinizadas por Andrena flavipes, Andrena nigroaenea

– Ophrys fusca × Ophrys tenthredinifera; Ophrys ×lievreae Maire
Polinizadas por Andrena flavipes, Andrena nigroaenea

– Ophrys fusca × Ophrys vernixia; Ophrys ×conimbricensis O. Danesch & E. Danesch
Polinizadas por Andrena flavipes, Andrena nigroaenea

– Ophrys incubacea × Ophrys insectifera; Ophrys ×alejandrei B. Ayuso
Polinizadas por Andrena morio, Melecta albifrons

– Ophrys incubacea × Ophrys lutea; Ophrys ×piscinica P. & C. Delforge
Polinizadas por Andrena morio, Melecta albifrons

– Ophrys incubacea × Ophrys picta; Ophrys ×maimonensis F.M. Vázquez
Polinizadas por Andrena morio, Melecta albifrons

– Ophrys incubacea × Ophrys scolopax; Ophrys ×breviappendiculata Duffort; Ophrys ×llenasii
Sennen
Polinizadas por Andrena morio, Melecta albifrons

– Ophrys incubacea × Ophrys speculum; Ophrys ×pantaliciensis R. Kholmüller; Ophrys ×neokelleri Soó

– Ophrys incubacea × Ophrys sphegifera?
Polinizadas por Andrena morio, Melecta albifrons

– Ophrys incubacea × Ophrys sphegodes; Ophrys ×todaroana Macch.
Polinizadas por Andrena morio, Melecta albifrons

– Ophrys incubacea × Ophrys tenthredinifera
Polinizadas por Andrena morio, Melecta albifrons

– Ophrys insectifera × Ophrys lupercalis

– Ophrys insectifera × Ophrys passionis; Ophrys ×fonsaudiensis Soca

– Ophrys insectifera × Ophrys sphegodes; Ophrys ×hybrida Pokorny ex Rchb. fil.; Ophrys ×gibbosa Beck; Ophrys ×pokornyi Guetrot; Ophrys ×reichenbachiana Schulze; Ophrys ×reichenbachiana Schulze; Ophrys ×pokornyi Guetrot; Ophrys ×reichenbachiana Schulze ×zimmermanniana A. Fuchs

– Ophrys insectifera × Ophrys subinsectifera

– Ophrys lucentina × Ophrys lutea; Ophrys ×serrae B. Ayuso

– Ophrys lucentina × Ophrys speculum; Ophrys ×marinaltae M.R. Lowe, Piera & M.B. Crespo (ut
Ophrys dianica × Ophrys speculum)

– Ophrys lucentina × Ophrys tenthredinifera; Ophrys ×donatae Tejedor, Catalá & Sospedra (ut
Ophrys dianica × Ophrys tenthredinifera)

– Ophrys lupercalis × Ophrys lutea; Ophrys ×fraresiana M.R. Lowe, Piera & M.B. Crespo

– Ophrys lupercalis × Ophrys passionis; Ophrys ×sancti-cyrensis Soca (ut Ophrys forestieri × Ophrys passionis)

– Ophrys lupercalis × Ophrys speculum; Ophrys ×eliasii Sennen (ut Ophrys forestieri × Ophrys speculum) – Ophrys lupercalis × Ophrys tenthredinifera;

– Ophrys lutea × Ophrys passionis; Ophrys ×mirandana C.E. Hermos. & G. Ubieto

– Ophrys lutea × Ophrys picta

– Ophrys lutea × Ophrys riojana; Ophrys ×fontechensis C.E. Hermos.

– Ophrys lutea × Ophrys scolopax; Ophrys ×pseudospeculum DC.

– Ophrys lutea × Ophrys speculum; Ophrys ×chobautii G. Keller

– Ophrys lutea × Ophrys sphegifera?

– Ophrys lutea × Ophrys sphegodes; Ophrys ×quadriloba E.G. Camús, Bergon & A. Camús;
Ophrys ×balarucensis G. Keller

– Ophrys lutea × Ophrys tenthredinifera; Ophry ×anamariae E. Robles & M. Becerra

– Ophrys occidentalis × Ophrys lupercalis (mas Ophrys exaltata subsp. marzuola × Ophrys lupercalis)

– Ophrys occidentalis × Ophrys tenthredinifera (ut Ophrys exaltata subsp. marzuola × Ophrys tenthredinifera (ut Ophrys exaltata subsp. marzuola × Ophrys tenthredinifera) décimo-redinifera)

– Ophrys passionis × Ophrys riojana; Ophrys ×acina C.E. Hermos.

– Ophrys passionis × Ophrys scolopax; Ophrys ×hermosillae Soca & B. Ayuso

– Ophrys passionis × Ophrys speculum; Ophrys ×armentariae Ferrández, B. Ayuso & Hermos;
Ophrys ×sanctae-cruccis A. & M. Pinaud, C. & G. Lamaurt

– Ophrys passionis × Ophrys sphegodes; Ophrys ×zamba C.E. Hermos.

– Ophrys passionis × Ophrys tenthredinifera

– Ophrys passionis × Ophrys vasconica

– Ophrys passionis × Ophrys vetula?

– Ophrys picta × Ophrys riojana; Ophrys ×zubiae C.E. Hermos. & Tabuenca

– Ophrys picta × Ophrys scolopax

– Ophrys picta × Ophrys speculum; Ophrys ×kelleriella Denis?

– Ophrys picta × Ophrys sphegodes

– Ophrys picta × Ophrys tenthredinifera; Ophrys ×gomezii E. Robles & M. Becerra

– Ophrys querciphila × Ophrys sphegodes; Ophrys ×ibanezii E. Robles, M. Becerra & A. Becerra

– Ophrys riojana × Ophrys speculum

– Ophrys riojana × Ophrys sphegodes; Ophrys ×abdita C.E. Hermos.

– Ophrys scolopax × Ophrys speculum; Ophrys ×castroviejoi Serra & Soler

– Ophrys scolopax × Ophrys sphegodes; Ophrys ×nouletii E.G. Camús; Ophrys ×philippii Gren.

– Ophrys scolopax × Ophrys tenthredinifera; Ophrys ×peltieri Maire

– Ophrys spectabilis × Ophrys tenthredinifera

– Ophrys speculum × Ophrys sphegifera ?

– Ophrys speculum × Ophrys sphegodes; Ophrys ×macchiatii E.G. Camús

— Ophrys speculum × Ophrys tenthredinifera; Ophrys ×heraultii G. Keller

— Ophrys speculum × Ophrys vasconica ?

— Ophrys speculum × Ophrys vernixia; Ophrys ×innominata D. Tyteca & B. Tyteca (ut Ophrys speculum × Ophrys vernixia); Ophrys ×innominata D. Tyteca & B. Tyteca (ut Ophrys lusitanica × Ophrys speculum)

— Ophrys sphegifera? × Ophrys tenthredinifera

— Ophrys sphegodes × Ophrys tenthredinifera; Ophrys ×tinyusi B. Ayuso

— Ophrys sphegodes × Ophrys vernixia ? (ut Ophrys lusitanica × Ophrys sphegodes)

NOTOTÁXONS INTERGENÉRICOS

— Cephalanthera longifolia × Orchis langei; ×Cephalorchis sussana F.M. Vázquez

— Gymnadenia conopsea × Dactylorhiza elata; ×Dactylodenia jeanjeanii G. Keller

— Gymnadenia conopsea × Dactylorhiza ericetorum ?

— Gymnadenia conopsea × Dactylorhiza fuchsii; ×Dactylodenia saint-quintinii (Godfery) J. Duvign.; ×Dactylodenia heinzeliana (Reichardt) Garay & H.R. Sweet

— Gymnadenia conopsea × Dactylorhiza maculata; ×Dactylodenia legrandiana (E.G. Camús) E.
Peitz

— Gymnadenia conopsea × Dactylorhiza majalis; ×Dactylodenia lebrunii (E.G. Camús) E.
Peit
Gymnadenia conopsea × Orchis morio; ×Orchigymnadenia reserata (Pau) Soó

— Gymnadenia densiflora × Dactylorhiza elata

— Dactylorhiza elata × Orchis palustris; ×Dactylocamptis caballeroi Rivas Goday (ut Orchis sesquipedalis × Orchis palustris)

— Dactylorhiza elata × Spiranthes aestivalis; ×Spilorhiza diversiflora C.E. Hermos, J.
Fernández &
Undagoitia

— Dactylorhiza incarnata × Orchis mascula ?

— Dactylorhiza incarnata × Serapias lingua ?

— Dactylorhiza insularis × Orchis mascula; ×Orchidactylorhiza atacina (P. Delforge) P. Delforge

– Dactylorhiza maculata × Orchis morio; ×Dactylocamptis timbaliana E.G. Camús (ut Dactylorhiza
maculata × Anacamptis morio)

– Dactylorhiza maculata × Pseudorchis albida

– Dactylorhiza sambucina × Orchis fragrans; × Dactylocamptis carpetana Willk.

– Aceras anthropophorum × Orchis italica; ×Orchiaceras bivonae Tod.; ×Orchiaceras henriquesea
(J.A. Guim.) E.G. Camús, Bergon & A. Camús; ×Orchiaceras welwitschii (Rchb. fil.) E.G. Camús

– Aceras anthropophorum × Orchis militaris; ×Orchiaceras spurium (Rchb. fil) E.G. Camús;
×Orchiaceras weddellii G. Camús

– Aceras anthropophorum × Orchis purpurea; ×Orchiaceras macra (Lindl.) E.G. Camús; ×Orchiaceras meilsheimeri (Rouy) P. Fourn.; ×Orchiaceras delamainii Alleiz. & Delamain

– Aceras anthropophorum × Orchis simia; ×Orchiaceras bergonii De Nanteuil

– Orchis coriophora × Anacamptis pyramidalis

– Orchis coriophora × Serapias lingua; ×Orchiserapias duffortii E.G. Camús

– Orchis fragrans × Anacamptis pyramidalis; ×Anacamptorchis simorrensis E.G. Camús, Bergon &
A. Camús

– Orchis fragrans × Serapias parviflora; ×Orchiserapias andaluciana B. Baumann & H. Baumann

– Orchis laxiflora × Anacamptis pyramidalis; × Anacamptorchis klingei P. Fourn; × Anacamptorchis larzacensis H. Kurze & O. Kurze

– Orchis laxiflora × Serapias cordigera; ×Orchiserapias nouletii (Rouy) E.G. Camús

– Orchis laxiflora × Serapias lingua; ×Orchiserapias complicata E.G. Camús

– Orchis morio × Serapias cordigera; ×Orchiserapias monfortensis De la Peña

– Orchis morio × Serapias lingua; ×Orchiserapias capitata De Laramb. ex E.G. Camús; ×Orchiserapies jeanjeanie G. Keller

– Orchis morio × Serapias vomeracea; ×Orchiserapias leroyi E.G. Camús & Sennen; ×Herorchiserapias fontanae (Rigo & Goiran) P. Delforge

– Orchis papilionacea × Anacamptis pyramidalis ?; ×Anacamptorchis vanlokeinii C.

Bernard & G.
Fabre

– Orchis papilionacea × Serapias lingua ?, ×Serapimeulenia barlae (Barla ex K. Richter) P. Delforge

– Orchis papilionacea × Serapias cordigera ?, ×Orchiserapias debeauxii E.G. Camús

– Himantoglossum hircinum × Orchis simia; ×Orchimantoglossum lacazei (E.G. Camús) Asch. &
Graebn.

– Barlia robertiana × Orchis collina; ×Barliorchis almeriensis Pallarés

– Anacamptis pyramidalis × Serapias lingua; ×Serapicamptis forbesii Godfery

BIBLIOGRAFIA

Dressler, R.L., 1976. Como estudar a polinização de orquídeas sem nenhuma orquídea. Em Senghas, K., ed.
Actas da 8ª Conferência Mundial de Orquídeas. Frankfurt: Eighth World Orchid Conference, 534-537.

Nilsson, L.A. 1983. Processos de isolamento e interação introgressiva entre *Platanthera bifolia* (L.) Rich e *P. chlorantha* (Custer) Reichb. (Orchidaceae). *Botanical Journal of the Linnean Society,* 87: 325-350.

Peakall, R. 1990. Respostas dos machos da vespa *Zaspilothynnus trilobatus* Turner às fêmeas e à orquídea sexualmente enganadora que poliniza. *Functional Ecology,* 4: 159-167.

Scaccabarozzi, D., Cozzolino, S., Guzzetti, L., Galimberti, A., Milne, L., Dixon, K.W. & Phillips, R.D. 2018. Mascarando-se como plantas de ervilha: evidências comportamentais e morfológicas de mimetismo de vários modelos em uma orquídea australiana. *Anais da Botânica,* 122: 1061-1073.

Vereecken, N.J., Wilson, C.A., Hötling, S., Schulz, S., Banketov, S.A. & Mardulyn. P. 2012. Pré-adaptações e a evolução da polinização por engano sexual: a regra de especialização de Cope revisitada. *Proceedings of the Royal Society B: Biological Sciences,* 279: 4786-4794.

FSC
www.fsc.org
MIX
Papier aus verantwortungsvollen Quellen
Paper from responsible sources
FSC® C105338

Printed by Books on Demand GmbH, Norderstedt / Germany